拒绝提前焦虑

连山 / 编著

北京联合出版公司
Beijing United Publishing Co.,Ltd.

图书在版编目（CIP）数据

拒绝提前焦虑 / 连山编著 .—北京：北京联合出版公司，2025.2. — ISBN 978-7-5596-8216-1

Ⅰ . B842.6-49

中国国家版本馆 CIP 数据核字第 2024LY7525 号

拒绝提前焦虑

编　　著：连　山
出 品 人：赵红仕
责任编辑：高霁月
封面设计：韩　立
内文排版：盛小云

北京联合出版公司出版
（北京市西城区德外大街 83 号楼 9 层　100088）
河北松源印刷有限公司印刷　新华书店经销
字数 140 千字　　720 毫米 ×1020 毫米　1/16　10 印张
2025 年 2 月第 1 版　2025 年 2 月第 1 次印刷
ISBN 978-7-5596-8216-1
定价：46.00 元

版权所有，侵权必究
未经书面许可，不得以任何方式转载、复制、翻印本书部分或全部内容。
本书若有质量问题，请与本公司图书销售中心联系调换。电话：（010）58815874

前言 PREFACE

考不上大学怎么办？找不到工作怎么办？驾照考不过怎么办？找不到合适的伴侣怎么办？家里的店铺要是倒闭了怎么办？孩子快到青春期了怎么办？老了孤孤单单一个人怎么办？……现实生活中，有太多的人习惯了提前焦虑，整日担惊受怕，不知所措。人一旦陷入"提前焦虑"的陷阱，每天都会处于"满负荷运转"的状态，与生活的斗争尚未开始，就已感觉精疲力尽。

中国当代作家莫言曾说："人要生存，就得摆脱连环般的桎梏，忧愁悲观便是人最根本的死敌。"很多时候，为难我们的不是生活本身，而是自己内心的负面暗示。阻挡我们的不是眼前的困境，而是我们为自己设置的枷锁。人一旦想得太多，便会放不下，过不去，好不了。久而久之，就会变成无休止的内耗。一味沉浸在对结果的担忧中，只会无端地消耗能量，错失长远的发展。一个人持续焦虑，久而久之就会产生悲观情绪。负面情绪多了，想快乐都难。

英国人查尔斯·司布真曾说："忧虑不会带走明天的难过，只会带走今天的力气。"属于当下的时间有限，不要让欲望和烦恼挤掉它。活在当下的人，应该放下过去的烦恼，舍弃对未来的忧思，顺其自然，把全部的精力用来承担眼前的这一刻，因为失去此刻便没有下一刻，不能珍惜今天也就无法向往未来。

你战战兢兢陈述的方案，结果受到了一致好评。你曾为凭空想象出来的烦恼而寝食难安，结果现实并未发生想象中的困难。你以为前方是坎坷崎岖的小路，其实是宽广平坦的大道。

与其对未来过度忧虑，不如转变心态，着眼当下，慢慢出发。当你在行动中不断尝试，进入反馈、修正、推进的正循环，就能拿回生活的掌控权，所有的焦虑自会消弭。要相信，世上没有过不去的关卡，也没有不放晴的雨天。人活着，就要学会逢山开路，遇水搭桥。人生路漫漫，总有些事值得我们去做，不去在乎未来的光景如何，只认真地过好当下的每一天。

活在过去的人会抑郁，活在未来的人会焦虑，只有活在当下的人才能获得真正的平静。好好生活，别想太多，明天的雨淋不湿今天的衣服，稳住心态，耐住性子，做好该做的事，时间自会给你满意的答案。

目录
CONTENTS

第一章
感谢你所拥有的，庆幸你所没有的

向月儿许个美丽的心愿 / 2

拥抱自然，收获快乐 / 3

心里开满繁花，明天更加璀璨 / 4

遇见另外一个自己 / 5

在寂静中调正身形 / 7

闲情一点儿也不奢侈 / 8

送自己一份好心情 / 9

美好的一天开始了 / 10

给平淡的生活加点调料 / 11

爱自己，爱生活 / 13

有快乐的心情，才有美好的事情 / 14

见证绮丽的风光，觅得内心的坦然 / 14

寻求心理的宽慰 / 16

保持一颗童心 / 17

第二章
微笑面对每一天，认真对待每件事

世界如此美好，值得全力以赴 / 20
微笑的种子，开花了 / 21
寻得所爱，为之守望 / 23
你的心里也会流转风光 / 24
即便人生如戏，也要演好自己 / 25
于你是不经意，于人是满怀感激 / 27
真心的陪伴，莫大的欣喜 / 28
珍惜生活赠予的礼物 / 29
回头看一下来时的路 / 30
珍惜，是最好的回报 / 31
你有你的节奏 / 32
让快乐成为习惯 / 33
传递你的爱心 / 35

第三章
人生的每一个选择，都是最好的安排

等待也是快乐 / 38
跟自己谈心，最是平静快乐 / 40
你没必要活得那么紧张 / 41
在思想的海洋里遨游 / 42
透过逆光中的影子，看见飞翔 / 44
给自己藏点儿小幸福 / 45

兴之所至地活，才算精彩 / 46
过程是怡人的风景 / 47
沉醉在音乐的海洋里 / 49
心若放下，云淡风轻 / 50
还好有你的陪伴、你的聆听 / 51
采撷身边的快乐 / 52
给疲倦的身体放个假 / 54
在蓝天白云间翱翔 / 57

第四章
不要提前焦虑，也不要预支烦恼

勇敢面对，跨过去就是远方 / 60
一笑而过，不苛求感激 / 61
没有到达不了的明天 / 62
其实你也可以的 / 63
自在事，自由人 / 64
退一步海阔天空 / 66
爱不必深藏 / 67
无所羁绊，尽情狂欢 / 68
如果还能去追，就该不抱怨地前行 / 69
成为你想要的光 / 70
交换了位置，也就换了眼光 / 71
不要忘记自己想要的幸福 / 72
原来花儿会对你笑 / 73

第五章
不纠结过去，不忧心未来

把烦恼写在沙滩上 / 76

对挫折一笑了之 / 78

伴你一生的是心情 / 79

没有过度的期望，便没有没完的失望 / 81

别把时间浪费在无意义的事上 / 82

生活不需要附加的装饰 / 83

断了束缚的绳，才能自由飞翔 / 84

别和往事过不去，因为它已经过去 / 85

动之以情，晓之以理 / 86

人生总有一段弯路要走 / 88

对自己做个盘点 / 89

曾经吃过的苦，会成为未来的路 / 90

不要将友谊丢弃在被遗忘的角落 / 91

第六章
没有不快乐的事，只有不快乐的心

善意的，好心的 / 94

微笑是世界上最好的东西 / 95

于匆忙中转身回望 / 96

设身处地为人，将心比心待人 / 97

用真心化解，用爱心面对 / 98

每一个人都有自己的芳香 / 99

履行诺言，为别人，也为自己 / 100
不完美，才美 / 101
漆黑的夜空总有闪亮的星 / 102
我们都被这个世界温柔地爱着 / 104
在该绽放的时刻尽情怒放 / 105

第七章
不必等风来，你跑起来就会有风

总有一些东西，教我们活得更好 / 108
比别人坚持久一点 / 109
要经验，不要"经验主义" / 110
用眼寻觅，用心感知 / 112
爱情需要悉心呵护 / 113
行走在飘满笑声的世界里 / 114
给心找个栖息的地方 / 115
路要自己去走，才能越走越宽 / 117
你的付出，就是你的生活 / 118
为自己的心灵解锁 / 119
将一切都归位 / 121

第八章
做自己想做的事，成为想要成为的人

偷得浮生一日闲 / 124
随你的心，任你的手 / 125

美味可以如此享受 / 126

多一次尝试，就多一次体验 / 128

青春同在，左右为伴 / 129

看夕阳西下，心中泛起浪花 / 131

找个机会圆梦 / 132

沉醉在秋的气息里 / 134

靠近你，温暖我 / 135

独乐乐不如众乐乐 / 137

放松紧绷的弦，偶尔宽纵一下 / 138

知道自己要去哪儿，全世界都会为你让路 / 140

享受一个人的自由 / 141

为你的生活收集更多的乐趣 / 142

将零星的岁月串在一起 / 143

为心灵找一个更好的出口 / 144

心中有绿洲，你才不会彷徨 / 145

第一章 感谢你所拥有的，庆幸你所没有的

向月儿许个美丽的心愿

　　人生在世，总会有一些美丽的心愿，这是一种追求，也是一种寄托。如果你可以闭上眼睛。悄悄许个心愿，就会感觉有一种神奇的力量正驾着梦想遥飞，岂不妙哉！

　　很多人都盼望有一天能看到流星划过天际，然后双手合十，虔诚地对着流星默默许个心愿，据说那样许下的心愿很灵验。我们不知道流星什么时候会不期而至，但是月儿却常常挂在空中，对着月亮许愿其实也是一样的。我们只是需要一种寄托、一种带着点神秘色彩的精神力量，是星星或是月亮并不重要。
　　不论是弯弯的月牙儿还是圆圆的月亮，都会在天上对着我们微笑，不如走到阳台上，对着月儿把心事轻轻诉说，月亮像一个善解人意的女神，仿佛在问你有什么心愿。
　　想想你有什么特别渴盼的事情，也许很多，但是不能贪心，一次只能许下一个心愿，所以想想什么是你最热切向往的。只要你心态摆正，虔诚热烈，并发誓为了理想而不懈努力，相信月亮女神一定会默默守护着你，赐予你无穷的精神力量，助你心想事成。

拥抱自然，收获快乐

明月、青松、清泉、顽石，都是大自然的精灵，感受自然，感受美好的心灵之音，你会拥有宽广的胸怀，坚强的意志，高洁的品质，不屈的精神，还会拥有一份最天然、最纯净的快乐。这是一个收获的季节，天高云淡，瓜果飘香。让我们去田园采摘，感受天然氧吧的新鲜空气，感受淳朴亲切的农家风情吧。

去田园采摘，最好叫上一帮人，自己有车的话最好，如果没有车，也可以大家一起包租一辆车，这样方便运送采摘到的水果。

走进采摘大棚，呼吸新鲜而带有乡土气息的空气，只见满眼的水果都展示着迷人的身姿，眼睛在色彩的变幻中得到了放松。在这儿，可以让你随意地采摘，但是要注意脚下，别到处乱踩，毁坏了农家的果地，所以，采摘归采摘，一定要注意保护好果园。当然，到这儿来，首先要一饱口福，你可以尽情地吃，但是别光顾着吃得高兴，小心吃坏了肚子，那样可就得不偿失了。

人多的话，就来一场采摘大赛吧。当然，采摘之前得有计划，你们准备采摘多少带回家，都有什么样的用途，比如馈赠给亲戚朋友等，就是不错的主意。

最重要的是，对于在喧嚣的城市里忙碌的人们，终于可以尽情沉浸在山山水水之中，自由畅快地呼吸了，这才是人生一大快事呢！所以，珍惜这次难得的与大自然亲密接触的机会，欢快地采摘吧！

心里开满繁花，明天更加璀璨

一个人若要改变这个世界，改变你所处的环境，必须从改变自己开始；一个人若要取得一件事情的胜利，战胜眼前的困难，必须战胜自己。人最大的敌人就是自己，人最大的胜利便是战胜自己。

年轻时候的我们总是满怀抱负，希望能有一片舞台、一方天地大展身手，能在这个世界的某些角落留下我们成功的印记，于是我们年轻的目光开始不停地搜索。

小时候，我们可能想当科学家，探究宇宙的奥妙，发明时光穿梭机；长大了，我们可能想为社会创造更多的财富，为国家争取更多的荣誉，为家人带来更多的幸福……

什么时候我们才能够顿悟？不如就从现在开始，从今天开始，我们认真做好身边的每一件事，尽量把我们的本职工作做得更出色，尽量让自己更宽容平和，尽量让自己的身体更健康，尽量让自己更快乐，尽量让自己更有自信，对明天充满更多的希望……

一年中的第一天，新的开始孕育着新的希望，早上起床，别忘了对自己说一句："从我做起，做得更好！"

遇见另外一个自己

世上万物，都有自己的长处和短处。然而，生活中导致失败的原因，往往是当事者没有自知之明。惨痛的教训和沉重的代价，就是这样造成的。所以才有古训："人贵有自知之明。"

有这样一个笑话：一天，蚂蚁看见一头大象走来，就悄悄地伸出一条腿。旁边的小动物不明白了，问它干什么。蚂蚁说："嘘——小声点！我要绊大象一个跟头！"

这个笑话就是告诫我们要有自知之明。做人不可强出头，不可妄自尊大，不可过高地估计自己的能力和力量，去做你根本吃不消、根本就不会的事情。因为这样做最终受到惩罚的将会是你自己。

要做到有自知之明，就需要我们常常进行自我批评，充分认识到自身的弱点。这样我们才能做到量力而行，并且在以后的学习中不断加强自身修养，克服自身弱点。

今天会是一个让你冷静思考的日子，那么，拿出三面"镜子"，认真照照，照出自身的弱点吧！

一面"镜子"照自身。

人照镜，能从镜中领悟自身，动物照镜，则视镜中为异己，这是人与动物的根本区别之一。因为，人有自我意识，可以意识到自己的行为、思想、感情、愿望和利益。

一面"镜子"照他人。

英国作家切斯特顿曾说过："你心里没有一面镜子，所以看不到旁人的观点。"孤芳自赏，难免陷入狭隘，甚至迷惘。认识他人，才能更好地认识自我。听取别人的观点，从善如流，弥补自身的局限。孔子曰："三人行，必有我师焉。"这是用好照他人之镜的最好典范。

一面"镜子"照社会。

人是社会的产物，人与社会互动。社会的需要、社会的发展决定人的思想行为，人的能动作用推动社会进步。不存在离开社会的自我。从这个意义上说，不理解社会，就永远不能真正了解自我；认识社会越深刻，把握自我才越准确。

人生是一个过程，难还是易，平淡还是辉煌，取决于人生的选择、追求和创造，而这一切的前提，是要有自知之明。

知己者明，知人者智，知世者通。三面"镜子"缺一不可，照己、照人、照社会，有机结合才能准确给自己定位，确立人生的坐标。那么，今天早上起床，洗把脸，清醒一下，然后拿出这三面"镜子"，认认真真地从镜中寻找真知吧！

在寂静中调正身形

世界上有一个人，离你最近也最远；世界上有一个人，与你最亲也最疏；世界上有一个人，你常常想起，也最容易忘记——这个人就是你自己！

在这个纷繁忙碌的世界，每个人似乎都是行色匆匆，不曾停留片刻，静下心来寻找一下自己的影子。当我们拖着疲倦的身子，迈着沉重的步伐，走在回家的路上，仿佛迷失了什么。扪心自问，我们在追寻着什么，我们又得到了什么，而自己又处在茫茫宇宙中的哪一个位置？

是的，忙碌和疲惫已经几乎让我们迷失了自己，忘了自我的存在。朋友，如果你真的累了，倦了，就停下来，回头看看自己的影子，认认真真地审视一次自己吧！

问问自己，喜欢现在的生活方式吗？最想做的事情是什么？对什么职业最感兴趣？最近是不是有什么想学的东西？什么才是你最大的业余爱好？累了的时候最想以怎样的方式休息？孤单的时候会想起谁……

认认真真回答这些问题的过程，就是一个审视自己的过程，一次关心自己内心的过程。给自己这样一个机会，你会更懂得爱自己。

闲情一点儿也不奢侈

当我们全身心投入地去做一件事时，体会到的将是一种不同于以往的充盈的感觉。哪怕是去放松、去休闲、去娱乐，也不一定漫不经心才能彻底放下疲惫，认认真真去享受，是一种更高的境界。

休闲放松的方式有很多种，每个人都有自己喜欢的方式，但相信每个人都或多或少地看过电影，对于某些人来说，看电影更是一种不可割舍的爱好。

当我们结束了一天或是一周的劳累，安安静静地坐在电影院里，欣赏和体味别人演绎出的一种人生时，欣赏之余，有时候也会引起内心的震动或是思考，我们的人生也许会因此而得到一种启迪。让我们反思自己，学会更好地生活。

这一切都需要我们认认真真地去体味，电影是一种艺术，凡夫俗子的我们，有时候也可以试着用艺术的眼光去品味电影。艺术虽然高雅，但却很真实。懂得生活真谛的我们，也懂得艺术的真谛，认认真真看一场电影，对我们的精神和灵魂是一种难得的修炼。

疲惫的身心，仍保留几许热情，对生活的热情，对完善自我的热情，那么，就去看电影吧。认认真真地去看一场电影，既是休闲，也是修炼。

送自己一份好心情

鲜花，代表美丽，代表芳香，代表祝福，代表快乐和幸福。自己的心情自己来掌管，不要等别人来送，自己也可以送给自己一份好心情。

你有多久不曾为自己的生活抹上一些亮色了呢？每天急匆匆地走，急匆匆地来，被很多世俗的东西缠绕着，让我们忘记了这个世界还有很多值得留意的美丽。原本很容易被周围的人或事打动的我们，不知从什么时候开始变得非常麻木起来。

自己送自己一束鲜花吧，不是所有的美与感动都能由别人带给自己，自己也可以为自己寻找。送束鲜花给自己，为自己的生活增添点芬芳，增添点温馨，增添点向往，何乐而不为呢？

送给自己的鲜花，不必去讲求太多，你可以随意去天桥卖花人那里凭自己的喜好挑选。天桥卖的花也许不像花店买来的那样经过修剪，完全是花市批发出来的原始样子。其实这样更好，这一捧捧随意裹着的鲜花，如同自己乱乱的心情，如同似有似无碾过的思绪。

回家后，自己将花一枝一枝精心修剪，再一枝一枝地插满一个花瓶，享受这过程中的美好和快乐吧！

一枝枝灿烂的满天星、纯洁的百合、清雅的马蹄莲、温馨的康乃馨，插在曾布满尘埃的花瓶里，大自然生命的美丽向自己昭示：今天一定有个好心情！

美好的一天开始了

每一种生活都有其独有的魅力，只是我们期望太高以致常常忽略了生活本身，忽略了它美丽的一面，忘了把它当作一件有趣的事情来做。你们家附近有没有山，如果没有，你恐怕要起个大早，才能赶得上去最近的山看日出。看日出，需要根据日出的时间，科学地安排好自己看日出的行程，过早或过迟赶到看日出的现场，都是不妥的。太早了，不但影响自己的休息，还会因山头的气温低而容易着凉；太迟了，就会错过看日出的良机。一般而言，为了充分领略日出前后的奇景异色，应在日出前 10—20 分钟赶到现场最为适宜。所以，事先弄清楚你要去的那座山的日出时间是很必要的，这就需要去请教一下有过在那里看日出经验的人了。

尽管在夏天，清晨的气温一般还是比较低，所以，记得多穿件衣服，穿一双适合登山的鞋，赶到山顶之后，稍作休息，眼睛盯着太阳升起的地方。你会看到：东方的天空，随着繁星的渐没，天空的颜色先是灰蒙蒙的，继而由灰变黄、变红、变紫，渐渐地，在地平线附近裂开一条缝隙。一会儿，缝隙变得越来越长，越来越宽，同时越来越亮，几道霞光射向天空，忽然一弯金黄色的圆弧，冲破晨曦，从地平线上冉冉升起。开始的时候像一轮金黄色的弦月，镶嵌在地平线上，然后慢慢变成扁圆形，宛如一盏巨大的宫灯，悬挂在东方的天边。此时，如果配以一望无垠的云海，其景象就更为壮观：天上霞光万道，红云朵朵，下边连绵云海，万顷碧波。初升的太阳，随着饱览这一瑰丽景色的旅游者的呼唤声，若明若暗。看到如此奇异的日出，足以让你流连忘返。

此时，也许你会想起一位诗人的话："太阳每天都是新的。"所以，每天都有一个新的开始，新的一天又到来了，这又是你人生的一次新的起点，加油吧，为了更美好的明天。

给平淡的生活加点调料

平淡无奇的生活有时候也需要一点刺激。给生活加点调料，给生活制造一些新鲜的空气和浪漫的气息。体验刺激的过程，也是一个挑战自我、战胜自我的过程。

平淡无奇的生活最容易让人失去斗志，安于现状，不思进取。很多时候，我们想做一件事，却往往因为缺乏勇气而退却。整日按部就班地过着没有波澜的生活，日复一日，年复一年，今天仿佛只不过是在重复昨天。这样的生活，会让人的眼睛变得迷离，看不清远方，也闻不到天际飘来的清新气息。

是的，我们的生活需要注入一点鲜活的元素，需要一点变化，需要一点刺激。走吧，去游乐园好好体验一次，玩玩心跳的感觉，一定会刺激你所有的神经，使你无法再麻木下去。不要把游乐园看成是小孩子的专利，爱玩会玩的人才会更加热爱工作，更加投入地工作。

走进游乐园，就要对自己说，豁出去了，什么过山车、空中摇滚等等，统统都要体验一次。感到害怕了吗？觉得恐怖了吗？没关系，勇敢地走上去，受不了了就大声地叫，闭上眼睛，不用去想自己身在何处，把它当成一种享受，这的确是种别样的感觉吧！

挑战了娱乐，你才敢挑战生活，生活才是最大的挑战。今天就去游乐园吧，说不定你的人生就从今天开始转折。

爱自己，爱生活

生活是种磨难，因为我们在不停地奋斗，克服重重困难，不容半点松懈。生活的节奏和味道需要我们自己去调剂，享受生活才是人生的最高境界。

累了一天，整个身体都变得沉沉的，很想让全身解放一下吧。听说全身按摩很舒服，就是觉得太奢侈，好像是有钱人才能享受的"贵族待遇"，所以，上班族们总是望而却步，累了倒在床上蒙着头睡个大觉就觉得是幸福中的幸福了。

别总是苛待自己的身体，偶尔去享受一次也不为过。让劳累的身体享受享受这优厚的待遇，就当是对自己长久以来辛勤工作的一种犒劳吧！

闭上眼睛，什么都不去想，不但让身体得到放松，让大脑也暂时小憩一下，让整个身心都舒坦下来。按摩师会带你进入另外一个世界，感觉就像在云中飘浮，身体一下子变轻了，这才知道什么叫作享受啊！

不用考虑太多了，去吧！对自己好一点，享受也是为了明天能以更加充沛的精力去工作。当你精神饱满、满心愉悦地迎接新的一天的工作和生活时，你才会明白生活真的是需要不停地调剂的，劳逸结合的人才是真正会工作的人。

有快乐的心情，才有美好的事情

万事万物都只是客观地存在于我们的世界，很多事物本身没有感情，是人类赋予它们灵性和寓意。用快乐的眼睛看事物，世界是明亮的；用忧郁的眼睛看事物，世界是灰暗的。

乐观的人是太阳，到了哪里就亮到哪里。我们的世界应由我们自己来装扮，不要总是埋怨世界辜负了我们的热情，也不要悲叹世界的冰冷与灰暗，看看别人脸上的笑容，看看别人眼睛里透出的光芒，世界在他们眼里又是怎样的呢？

学着改变心态，用快乐的眼睛去看世界。用各种方法让自己保持一整天都很愉快，你会发现万事万物都是那么美好，充满了希望。踏上快乐旅程，你会发现，你的世界越来越精彩。

见证绮丽的风光，觅得内心的坦然

不是孤独的雁，也不是单飞的鸟，如果你想用自己的脚走出自己的路，心中又有一直向往的城市，不如背着行囊，独自做一次孤傲的旅行。

你有没有发现，大多数人都选择与其他人一起旅行。也许很多时候你都想一个人没有任何约束和牵涉地自由自在地旅行一次，但总是由于顾虑太多而作罢，也许是害怕孤独落寞或是不够安全。其实，如果你真的渴望轻松和自由，独自旅行虽然孤单，但绝不会孤独，还会有一种你从未领略过的闲适和悠然自得。

每个人心目中都会有一个或几个想去的城市，选择一个，不用考虑太多，就当是给心情放个假。简单收拾一下行囊，不用带太多的东西，一个人出发，一切从简。不过最好还是带上手机，即使非常不愿意被别人打扰，因为无论如何，安全还是第一位的。

独自的旅程里，留一份自己给自己的骄傲，磨砺那站在高处的自我，保留自己最深处的自信。不管是山间小路的尽头，还是铁轨延伸的远处，天涯海角的茫茫一线间，眼前的这条独自一人的路上，你期待风也期待雨，准备好迎接一切障碍和险阻，但这并不一定真的会发生。也许一路都是平平安安，顺顺利利，其实我们并不是为了见证多么绮丽的风光或是盛传的繁华，只是为了找个呼吸的缝隙，觅一份内心的坦然。

单独旅行吧，即使沉甸甸的心里开始有了一种无法名状的悲情，但在渐行渐远间就会把一切疏离，只为了归来时那依然温暖灿烂的笑容。相信这一定是个不错的历程，会让你收获很多。别想太多了，出发吧！

寻求心理的宽慰

追逐情调并不是追逐一种物质上的满足,而是一种心理上的宽慰,更确切地说是一种思维情绪的升华。没有情调,生活就没有颜色。

咖啡馆是一个非常有情调的地方,弥漫着一种浪漫的气氛。在那里,你可以和情人窃窃私语,讲绵绵情话,甚至来一场求婚也不错。

当然,你也可以独自一人很随意地喝喝咖啡,然后什么也不用做,只是静静地坐着,让咖啡馆里的音乐缓缓地流过,然后你微闭着眼睛,想想今天你都做了什么,遇到了什么人,什么人什么事给你留下深刻的印象,明天你打算做点什么呢?或者你可以静静地思考某个问题,这是一个很好的适合沉思的场所,没有人打扰,没有其他事情的压力,你可以很专注、很放松地去思考任何问题。

你还可以把你要做的事搬到咖啡馆去做,比如起草一份文件,写一封信,写一篇日记,或者看看工作计划。

如果看到有和你一样孤单的人,不妨走过去和他(她)打个招呼,问对方自己是否可以坐下来,大家一起聊聊。当然,这个人最好看起来比较有意思,看起来比较随和,喜欢结交朋友。

如果觉得一个人有点落寞，那么就找个人和你一起坐坐。这个人不一定是你的爱人，甚至找一个同性的朋友都可以，两人可以随意地聊聊天，或者就某一个彼此都很感兴趣的话题，认真地交流一番。谈谈人生，聊聊彼此的梦想，或者只是谈谈彼此生活中的一些小插曲。

保持一颗童心

童年，在每个人的心目中仿佛都是那么无忧无虑，因为简单，所以快乐；因为容易满足，所以幸福。如果能永远保留一颗童心，就可以让那份天真与浪漫永恒。

夏天的夜晚，最快乐的事莫过于捉萤火虫，相信很多人的记忆中，都有关于捉萤火虫的快乐回忆。虽然我们已经长大，但是萤火虫依然在迷人的夏夜快乐地飞舞。追赶它们快乐的舞步，追赶我们童年的脚步，快乐还要去何处寻找？其实，它就在我们的身边，用心去体会，就能发现生活的乐趣。

像从前那样，拿一个网兜，追在萤火虫的屁股后面，看准了，就猛地罩过去。别看现在长大了，跑起来可能比小时候更加快了，但是你肯定失去了小时候的灵活，别灰心，今晚能捉到一只也算是成功了。况且，我们追求的是捕捉过程中所得到的快乐，而不在于最终是否能捉到，能捉到几只。

最好能和某人合作，一人追着，一人用一个小瓶子装着这些捕捉到的萤火虫，小时候和小伙伴不就是这样愉快地合作的吗？如果能和爱人一起捉萤火虫，那一定是一件非常浪漫的事情，虽然看起来有些傻气，但恋人之间的浪漫，在外人眼里，有多少是明智之举呢？因为傻气，所以快乐；因为傻气，所以难得。

如果你已经为人父母，那就和自己的孩子一起玩这个游戏吧，有这么可爱的父母，你的孩子该是多么幸福啊！

第二章

微笑面对每一天，认真对待每件事

世界如此美好，值得全力以赴

　　一种生活过得久了，难免会有些平淡，失去了当初的激情和活力。然而成功的前提正是专注于一件事，当你满怀激情地做一件事时，便会找到一种久违的感觉。

　　今天你是否计划做一件什么事，或者和平时一样例行公事？其实做什么事都没有关系，只是要改变一下做事的状态。如果平时由于厌烦，你显得有些萎靡不振，那么今天尤其需要改变。

　　早上起床，洗把脸，轻轻拍打一下脸颊，吐口气，然后来一个深呼吸，有没有感到一下子神清气爽了呢？

　　不管怎样，给自己一点心理暗示，对自己说，今天精神百倍，有使不完的劲。接下来，集中全部的注意力到一件事上。如果是工作上的事，就当作自己是第一天上班，发挥百分之百的热情，并怀着强烈想要干出成绩的愿望，直到把这件任务圆满完成。或者你做的只是一些家务活，比如拖地、做饭、洗衣等，都可以充满激情，事不在大小轻重，而在于我们的精神状态。

干家务活的时候，你可以轻声哼首曲子，伴着你干活的节奏。在激情四溢的同时，一种愉悦灌满整个心间。

满怀激情地做一件事，还在于坚持，千万不可三分钟热情，不可做了一半精神一下子松懈下来，然后又恢复从前的样子，甚至停下手中的活，迷茫地发呆，仿佛做了一件多么自欺欺人的事。做这件事的时候，要不停地鼓励自己，告诉自己坚持到底，看看最后以不同以往的精神状态完成的工作成果与平时的有什么差异，是不是完成得更加干净利落。

不管结果如何，起码有一点值得肯定，那就是你的精神是饱满的，心情是愉悦的，这点不是比什么都重要吗？

微笑的种子，开花了

世界上的每一个人，都想追求幸福。有一个可以得到幸福的可靠方法，其实很简单，那就是微笑着过好每一天，幸福就会在笑容里荡漾！

你的笑容就是你善意的信使。你的笑容能照亮所有看到它的人。对那些整天都皱眉头、愁容满面的人来说，你的笑容就像穿过乌云的太阳；尤其是对那些受到来自上司、客户、老师、父母或子女的压力的人，一个笑容能帮助他们了解一切都是有希望的，世界是有欢乐的。

微笑能改变你的生活。今天不妨就试试保持一整天的微笑，对今天你遇到的每一个人都微笑致意。其实这并不难，甚至都不需要你张口说一句话，一个微笑就足以表达你所有的友善。

微笑对别人是鼓励，是赞扬，是认同，哪怕只是一个简单的问候，也会传递给对方一种温暖。不要等着别人先跟你打招呼，你可以主动送出一个微笑。认识你的人会因为你的友好与你更添一份亲近，就连不认识你的人也会感受到一种莫名的暖意。

如果你平时就做得很好，今天就继续努力吧！如果平时你很少这样做，那么就从今天开始改变吧，不要觉得难为情，害怕别人惊异你的变化，这种变化是好事，每个人都会为你的变化而感到惊喜，也许从今天开始对你有了一个新的认识。

如果你不喜欢微笑，那怎么办呢？那就努力让自己微笑一下。或者努力让自己吹口哨，或哼一曲，表现出自己已经很快乐了，这也许就会使你真的快乐起来。

快乐的你，不要吝啬，把你的快乐与别人分享吧！快乐不会因为分享而减少，只会因为分享而成倍增加。那么，把你的快乐用微笑送给你身边所有的人吧！让整个世界都充满了你的快乐！

寻得所爱，为之守望

这世上有三个字曾令无数人心潮澎湃、热泪盈眶。只需这三个字，任何其他的语言仿佛都成了一种累赘。这有着神奇魔力的三个字，便是："我爱你！"

"我爱你"这三个字在很多人心目中都是很神圣的，尤其对于初识的心上人，想说却不敢或不好意思说，这样的心情相信很多人都经历过。而当时光流逝，岁月匆匆而过，爱情变得有些疲惫和麻木的时候，你是否还会记得对身边的爱人说这三个字呢？

也许你已经觉得没有必要，也许你太过忙碌而忘了还有这三个字，也许你觉得已经说过的话再说一遍已经没有必要，也许你觉得用行动来表示更有意义。但是，你真的错了，这三个字真的是经久不衰的神奇字眼，它在每个人心目中永远都保持着至高无上的位置，所以，永远都不要忘却它的魅力。

今天，何不找个合适的时机对心爱的人说出那三个字。其实，不用怎样刻意营造气氛，清晨，你睁开双眼，对着睡眼惺忪的爱人可以轻轻说出来，相信他（她）一定会立马精神百倍，而且会保持一整天的好状态。上班临行出门之前，也可以抓住某个瞬间，在他（她）耳边轻轻呢喃一句，你一定会看到对方眼中的惊喜和兴奋，你也因此会快乐一整天，关键是，你们的关系也会因此有了新鲜的色彩。其实，这并不难，只是三个字而已，却可以让两人的生活发生很大的变化，也许你想都想不到。

记住，说这三个字的时候，一定要认真，深情款款，千万不可漫不经心，否则你就是在亵渎这神圣的字眼，而且也会让对方觉得你是在敷衍。如果那样的话，还不如不说。说到底，就是要你用心，发自内心地表达爱意，而不是一时的心血来潮，像交一份作业似的匆忙没有心情。

找个合适的机会吧，你的爱人在期待你带给他（她）的惊喜。

你的心里也会流转风光

每个人的人生道路其实都是大同小异的，无非生老病死、吃喝拉撒、衣食住行、求学工作、结婚生子，然而，有些人觉得幸福，有些人却觉得不幸。为什么？一句话，幸福由心生。人人都渴望得到幸福，但是追求幸福的路却只有一条，简单地说，幸福需要用心去感受。

你是不是总在埋怨自己的贫困潦倒，羡慕别人的汽车洋房？总在感叹别人的幸福唾手可得，而自己的幸福却遥不可及？又或者你已经拥有了万贯财富，却总感觉幸福远在天边？

戴尔·卡耐基曾说过："幸福与不幸福，并不是由个人财产的多寡、地位的高低、职业的贵贱决定的。"是的，幸福就在你身边，只需要你用眼睛去发现，用心去感受。有亲人和乐融融是幸福，有爱人相伴一生是幸福，有朋友嘘寒问暖是幸福；工作一天疲惫不堪，回家和家人吃上一顿可口的饭菜是幸福；炎炎夏日喝上一杯清茶是幸福，冷冷冬日喝上一杯热咖啡是幸福；看到路边的小花绽放是幸福，看到小树苗吐出绿芽是幸福……

幸福处处在，你还在抱怨什么呢？幸福就是一种感觉，一种由内心深处冒出的感觉，一种对生活对人生满足的感觉。敞开你的心扉，你会觉得你是幸福的。

即便人生如戏，也要演好自己

在通往成功的路途中，最怕信念的动摇，信念是成功的基础，没有坚强信念的支撑，再好的目标也只是水中月、镜中花。信念让我们擦亮蒙尘的眼睛，信念让我们遥见理想之花频频点头，信念让我们坚定方向，步伐稳健，信念让我们直达光辉的顶峰。

人生的旅程是遥远的，只有不停地前行，才能不断靠近预定的目标。虽然目标不可能都达到，但它可以作为我们奋斗的瞄准点。信念的力量在于即使身处逆境，也能重新拥有前进的毅力。

信念不是先天的，而是后天的。它是人在社会实践中对各种观点、原则和理论，经过鉴别和选择而逐渐形成发展起来的。当某个人确认某种思想、某种理论和某种事业是正确的、是真理，并去自觉维护这种思想理论和观点，就确立了信念。

如果把人生比作杠杆，信念则好像是它的"支点"，只有具备这个恰当的支点，才可能成为一个强而有力的人。

所以我们要经常警告自己，别让信念动摇。因为人在困难面前总是很脆弱的，难免有畏难情绪。今天从早上起床开始，你要不断告诉自己：坚持、坚持，别动摇，胜利的曙光就在前方不远处。

不要感到厌烦，也不要觉得疲惫，相信这样做对你的人生很有帮助，因为信念是人生征途中的一颗明珠，既能在阳光下熠熠发亮，也能在黑夜里闪闪发光。

没有信念地生活，人生路上将黯淡无光。有了信念，即使遭遇任何不幸，都能召唤起重新开始的勇气。

确立我们的梦想，坚定我们的信念吧，这样我们才能有光辉灿烂的人生。

于你是不经意，于人是满怀感激

勿以善小而不为，你能通过自己的点滴努力，使这个世界变得更美好。只需做一件不经意的小善事，你就会发现，你的世界变得更友善了。

人们总是关心一些遥不可及的事情，比顺手做一件小善事的热情要高得多，但最终往往落得一事无成，空悲叹！

生活中有很多我们力所能及的事，无须耗费我们太多的精力，只需我们有一双灵动的眼睛和一颗怀着善意的心。不论是一句同情的问候，还是重大的表示，发自内心的善行都能够增进你的健康与快乐。经常保持这样的善举，其能量是惊人的。

比如带迷路的小孩找到回家的路；比如帮正忙得焦头烂额的同事或其他什么人做点你能做的工作；比如给路边行乞的可怜人一点微薄的施舍等，这些小小的行为其实都是善举，而又不需要花费你太多的体力和脑力。这些真的都只是一些力所能及的小事。

做一件不经意的小善事，不仅会给别人带来温暖，也能给我们自己带来无穷的快乐。理查德·卡尔森说，"当你为别人做好事时，你会有一种身心宁静平和的感觉"，尽管那些全是小事情，但"善良的爱心行为会释放类似内啡肽的情感激素，之后，使你感觉良好的化学成分便会进入你的下意识"。

真心的陪伴，莫大的欣喜

"谁言寸草心，报得三春晖"，亲情是一个人善心和良心的综合表现。孝敬父母，尊敬长辈，这是做人的本分，是天经地义的美德，也是各种品德形成的前提。

每个人都知道应该孝敬父母，但很多人仅限于口头上的承诺，或者以为给父母一些物质上的补助和享受便是孝敬了。当然，让父母晚年在物质生活方面能够富足也是孝敬的一种表现，但是，这绝不是最根本的。孝敬父母，要用心，要体贴，要想父母之所想，要像对待自己的子女一样细心照顾，用心呵护。

大多数的父母，一辈子劳碌，很少有时间出远门旅游。给自己的父母一个惊喜吧，告诉他们想和他们出去旅游，问他们最想去哪里。如果你平时多用心观察，你应该了解他们最向往的旅游胜地，提前买好机票或车票，对他们说："亲爱的爸爸妈妈，走，咱们一起去旅游吧！"相信这对于每一位父母来说，都是一种莫大的欣喜。

帮他们收拾好行李，旅游是为了轻松，不可让他们旅途劳累。去目的地的途中，给他们介绍那里的风土人情，都有些什么景点，等等。

旅途中，时时处处注意他们，注意不要让他们过度劳累，中途要注意休息。既要让他们玩得尽兴，又要保证他们的身体健康和行动安全。

珍惜生活赠予的礼物

幸福生活是由一个个的片段、一个个的细节、一个个的瞬间组成的，如果可能的话，把这一个个美丽温馨的瞬间收录成册，供以后慢慢欣赏回味，那将是怎样的一种幸福啊！

幸福是种感觉，生活中的点点滴滴凝聚成的一种感觉，每一天的平淡生活中承载的都是满满的幸福。想要把这些幸福的瞬间都记录下来吗？最简单、最直观的方法就是用相机拍下来。

你可以选择带上相机和家人出游，拍下每个人在广阔的天地中真性情的一面，每一个表情，每一种形态，都是真情流露。如果不想出去，在家里也能拍摄，不要认为太过家居就没有拍摄的价值，其实我们要留下的就是这种最最平常、最最普通的家居幸福片段。如果你想拍下最真实自然的一面，可以事先不告诉家人，在他们欢声笑语之时，偷偷拍下这些温馨的瞬间。谁是经常做饭的那个人，为了记录他（她）的辛勤劳动，今天就把相机对准厨房，拍下他（她）忙碌的一面。饭桌上大家享受可口的饭菜时的温馨场景，饭后一家人坐在一起看电视的画面等，这些都是非常有价值的幸福瞬间。

回头看一下来时的路

人生有亮点，自然就有暗点，而且经常发生错位。当乌云遮盖前面的天空，生活失去光彩时，谁承想，回头却同样能看见蔚蓝。在困境中学会向后看，另谋出路，也是一种人生智慧。

生活总喜欢把荣辱、成败、得失等对立的东西同时呈现在人们面前，考验人的心性。这时往往需要向后看，理清思绪，拥有一颗平常心，学会平静地说再见，避免误入激流，伤及他人和自身。这是积极的人生态度，是珍重生活的方式，是一种生命的支撑，是生活的主色调之一，是大聪明、大智慧。回头感悟人生哲理，重新理解生活，从容面对喧嚣纷杂的世界，就不会因昨天错过今天。

向后看，不是消极回首，而是一种前瞻；不是刻意逃避，而是一种壮行；不是甘于平庸，而是角色转换；不是砸碎原有生活框架，而是在现有框架里构建新生活。"功夫向后看，功效向前进。"

哲人说："一个人的幸运在于恰当时间处于恰当的位置。"人生道路崎岖，不管痛惜还是悔恨，生活终究还要继续。向后看，从时间里寻觅真理，收拾好心情，领悟人生，准确定位，用智慧汗水兑换幸福。

回头看一下来时的路，是笔直，还是弯曲？是顺畅，还是迂回？在哪个地方你走得非常艰辛，为什么？你难道还要继续走下去吗？来时的路，是不是在启示你前方的路，你该如何走？你看明白了吗？

珍惜，是最好的回报

你怎么看一个人，那人可能就会因你而有所改变，你看他是宝贵的，他就是宝贵的。一份尊重和爱心，常会产生意想不到的善果。

我们身边出现的人太多太多，有些也许只是匆匆一现，你还来不及在意，就已消失在你的视线以外。可是，朋友，你有没有那么一个时刻，认真地，用心地，看待过这些匆匆的过客呢？甚而是对你生命中的"常客"，也许你会因为熟悉而变成一种麻木的漠视。别忘了，每个人都在渴望被人尊重和重视，包括你自己，不信，问问你自己的心。所以朋友们，不妨用心看待这个世界，用心去尊重每一个人及自己，你将会发现，自己及周遭的人都有着无穷的潜力。

所以，找个空间，认真想想身边有哪些人常常被我们忽略，尤其是每天在你的生活中出现的人。这样的人，往往是你的亲人、朋友、同学、同事，因为常在你眼前晃动便变成一种漠视，也许其中有些人，一直在为你默默付出，你却因为天天享受而认为是理所应当，忘了给予回报。

认真想想吧，仔细留意，你会惊异地发现他们每个人的存在价值，原来他们对于你来说，是那么重要。懂得珍惜，懂得回报，才会让我们的人生无憾。

你有你的节奏

守时是一种观念，更是一种素质，一种修养，是一个人信誉的体现。诚实守信的人，在任何情况下都会努力按时赴约。

时间的珍贵是无法衡量的。古往今来，时间吝啬而又公平地分给每个人一天 24 小时。对于我们每个人来说，时间就好比是生命。鲁迅先生曾经说过："浪费别人的时间就好比谋财害命。"

守时能够给人以良好的印象。每一次你的守时，都会在对方的心坎里烙下一个坚实而又深刻的脚印——你是一个值得信赖的朋友。守时，不仅节约了自己的时间，也为自己赢得了一个又一个的朋友。

因此，每次约会，我们一定要做到按时赴约。和朋友约定时间的时候，一定要认真考虑清楚那个时间你是否能到达，不要随口就答应。约定时间后，就不要因为其他的事情耽误这次约会，除非真的有非常重要的急事。有急事不能按时到达，必须提前通知对方，另约时间，不能因为事情紧急就将约会的事暂时搁置一旁了。要知道每个人的时间都很宝贵，不可白白浪费别人的时间。

守时，多么简单的两个字，遵守时间，遵守约定。然而它的意义深远，它为你的道德修养和信誉证书盖上了一个鲜红的印戳。

让快乐成为习惯

在任何时候，快乐都是给自己和他人的最好的礼物，当快乐成为一种习惯的时候，你甚至不需要给快乐找理由。因为快乐，所以快乐……慢慢地，快乐就成为我们生活的一个习惯。

首先要选一个风景优美的地方，有山有水，有树有花，即使路程远一点也没有关系，早点出门，当太阳升起的时候，刚好赶到那个地方。

如果你对自己的照相技术没有信心，那么事先找个摄影高手学习几招，当然，我们是为了寻找一种生活的气息，寻找人生的快乐，并不是要做得多么专业，所以，对于照相技术和照片的效果不必刻意追求，自己觉得满意就行了。

选取你自己认为最美的景色，多角度拍摄，别忘了调好亮度、色度、焦距之类的。照完之后，别忘了在相机里看一下效果，如果效果太差，最好删掉重新照，免得占据空间。虽说是风景照，但景中有人会更美，如果有同伴，互相给对方留影，人与大自然融合，是最美的艺术瞬间。

尽量多照些不同的景色，寻找有山有水的地方，可能要走很远的路，忍耐一下，就当作是锻炼身体好了。而且这的确是一次锻炼身体的好机会，还可以在大自然中陶冶性情，在这里留下永恒的纪念，绝不枉此行。

照完照片，回家后把照片按类整理好，打印或者冲洗出来，用相册装好，每一张照片下面备注一下，备注的内容完全由你自己决定，可以写上此景的名称，也可以是你的感想和赞美。

整理完之后，把它当作艺术珍藏，和你其他的"宝贝收藏"放在一起吧。

传递你的爱心

不求回报的奉献，为爱心，也为理想，参加志愿者行动。这将会是对你灵魂的一次洗礼。

形形色色的志愿者行动很多，其目的往往都是为了人类某项事业的发展，譬如支教、扶贫等。志愿者行动，以志愿参与为主要形式，以志愿服务为手段，有组织、有目的地为社会提供服务和帮助，推动经济发展和社会进步，推动社会公民思想道德建设的发展。一般来说，志愿者行动致力于创造美好的明天，着眼于开拓未来。

选一个你感兴趣的志愿活动，积极报名，不要以为报名就可以参加，很多志愿者行动还需要通过选拔才能参加的，因为这样的志愿活动都是很有意义的，很多人都是因为兴趣而报名。所以，决定参加后要认真准备面试，努力在选拔中脱颖而出。

志愿者行动一般都是为了弘扬"奉献、友爱、互助、进步"的精神，所以，你必须首先牢固树立这样的思想，跟随志愿组织，深入到具体的社会活动中去。如果选择支教，就要尽心尽力为普及科学文化知识贡献一己之力；如果选择扶贫，就要致力于消除贫困和落后；如果选择其他公益事业，就要为消灭公害和环境污染，促进经济社会协调发展和全面进步，建立互助友爱的人际关系而努力。

既然是志愿者行动，就得抛弃有偿服务的想法，树立无私奉献的观念。总之，这次行动绝对是对你灵魂的一次洗礼。

第三章

人生的每一个选择,

都是最好的安排

等待也是快乐

狂乱浮躁的心灵，需要一个宁静的空间，让我们用耐心去专注，去投入，让心灵慢慢净化。

垂钓是件很有意思的事，当夕阳西下的傍晚，带上渔具，放下一身的疲惫，抛开一切的烦恼，到一个幽静别致的鱼塘边，静静地享受这安宁闲适的空间，的确不失为人生一大快事。

如果你想花上一整天的时间去放松，那出门之前一定要先看看天气预报，如果天太热，太阳太烈，最好带上遮阳的伞或者帽子；如果有雨，务必带上雨伞。当然，雨天也不太适合钓鱼，所以，必须提前做好一切准备。

垂钓是一种情调，是一种意境，真正的垂钓者都是能独享自我纯净世界的人，让自己融入大自然的神韵之中。垂钓需要抛开一切杂念，专注于钓，专注于这样一种宁静的快乐。

垂钓也需要保持冷静，心浮气躁的人不大适合垂钓。垂钓的过程大部分时间都是在静静等待。鱼儿上钩，那只是一瞬间的事情，却需要花上很长的时间等待。如果是懂得享受这种过程的人，等待也是快乐的。

垂钓需要精力集中，全神贯注于渔竿的动静，当手中的渔竿开始上下晃动时，表示鱼儿开始咬钩了，这个时候千万要沉住气，不可冲动地拉钩。因为鱼儿还没有真正咬住钩，鱼儿发现了鱼饵，一开始的时候总是跃跃欲试，如果这个时候打草惊蛇，鱼儿就会放下鱼饵离开。只有等到渔竿猛地往下一沉，这个时候才表示鱼儿真正咬住鱼钩了，此时就不要再左顾右盼，赶快拉钩，否则，迟疑片刻，等鱼儿吃完鱼饵，就会放开鱼钩离开。所以，拉钩的时候一定要把握好时机，没有经验的人可能总是时机把握得不对，没有关系，多试几次，就能把握手中的感觉了。

当然，有可能你今天运气实在是不佳，等待了老半天也不见鱼儿上钩，那也不要心烦意乱，要记住，垂钓追求的是过程的快乐，享受的是一种情调和意境。另外，如果你久等不见鱼儿上钩，也可能是你蹲点的地方不对，换一个地方，也许情况就有转机了。

跟自己谈心，最是平静快乐

日记，就是自己心情的一种记录。当一天结束，把所有感受都化为文字，既是一种回味，也是一种感叹，还有一份对未来的憧憬。当将来的某一天你再看到这段文字，便是对这一天的一种真实再现。

夜幕降临，一天已经结束，这么美好的一天，这么美丽的心情，似乎不留下点什么，将成为遗憾。也许最好的方式莫过于写一篇日记，记下这美好的一天，让这美丽的心情成为永久的记忆，可以时时翻出来回味。

如果你平时就有记日记的习惯，那么打开日记本，接着记录。也许今天有些特殊，因为快乐，因为有希望。今天的文字不会再有牢骚和抱怨，全部都记载着美好和幸福。如果你平时没有记日记的习惯，那就找一个日记本出来，可千万不要随便找一张纸来对付，日记最好能够保留，日后再打开来，你会发现这真的是一笔宝贵的财富。

记日记，就要认真地记，写下详细的日期，以及当天的天气状况，越详细就会越丰富，越真实。你可以详细地记下今天发生的每一件事，或者只是记下一份美丽的心情，诉说你的感受。日记，就是自己跟自己谈心，或者假定有一个人，站在你的心灵深处，让你可以放开心怀地畅谈你的爱好、追求、梦想。这样会比跟朋友聊天更加无所顾忌，在这个空间里，你可以毫无保留地袒露你的心迹。

不要懒惰，拿起笔来吧，你会发现，其实记日记也是一种精神享受。

你没必要活得那么紧张

忙里偷闲，寻找一份夹缝中的轻松和快乐，对忙碌的人生是一味绝妙的调味剂。偶尔品尝一下，在瞬间的神清气爽中享受人生的怡然自得。

每天都有做不完的工作和事情，很久没有好好放松一下了，心里虽然很想轻松一下，但又放不下手中的活。

试问一下自己，是不是这样？人生也要学会享受，对自己好一点，今天就放下这一切的工作，不管它们有多重要，找个地方清闲一下吧。

要知道，偶尔的放松，也是为了接下来能够精力充沛地投入工作。

到什么地方去放松倒不是最重要的，关键是要放得下一切的繁忙，不只是身体离开，手中放下，心也要放下。既然出来了，就要把整个身心都投入轻松愉悦的休闲中去，否则，人在外面，心里还想着工作，焦虑不安，还不如干脆别出来，出来就是为了放松。

既然下定决心全身心放松，就要事先把事情安排好，比如把留下的工作做个记号，跟领导汇报一下，也跟合作的同事交代清楚，以备明天上班接手的时候能够很快进入角色，投入具体的任务中去。把这些都安排好，相信你也没有任何后顾之忧了，这样就可以放心地休闲。

在思想的海洋里遨游

读一本好书，像乘上一艘万吨巨轮，载着我们驶向波澜壮阔的思想的海洋。读一本好书，可以为你指明一条道路。读一本好书，像擎起一支熊熊燃烧的火把，即使在没有星光也没有月色的黑夜里，你照样能够信步如飞而绝不迷途。

读一本好书，有如与一位绝好的友人在一块待上几个时辰，即使一语不发，只默默感受那份书香缭绕中无声的宁静与温柔，心里也能踏实熨帖得不行。

一本好书，一杯清茶，一桌一椅，静心坐下来，和书中的人物神交，和高尚睿智的作者喁喁私语。这种生活，只怕连神仙也不会再挑剔什么了，难怪罗曼·罗兰要说："和好书生活在一起，我永远都不会叹息。"

不信，你可以拿起一本好书，认真阅读，你会感觉仿佛进入了一个绚烂多姿的缤纷世界。有沉思、有感叹；有激昂、有欢笑；有火山爆发、有狂飙倏起；有淙淙细流、有洪波万里；有云卷云舒、有潮起潮落；有飞流直下三千尺、有一行白鹭上青天……

如果你喜欢听古典音乐，你更会觉得读好书的感觉就仿佛徜徉于一段经典名曲。不觉间，音符翩飞，旋律起伏，节奏纷沓，书人合一；一忽儿，白雪阳春，水清月朗，天高云淡，心若止水。这时候，世界不再喧嚣，内心不再浮躁；胸可纳百川，人可立千仞，如鲲蛟戏水，似天马行空；不扶而直，不攀自高；得失尽忘，宠辱不惊。

选择一本好书，认真读一读，你可以请教会读书的人，让他们帮忙推荐，也可以找来心中一直想读却没有足够时间阅读的书。

今天就给自己一个足够的空间，什么事都不做，什么事都不想，只用来专心徜徉于书中想象的空间。

透过逆光中的影子，看见飞翔

人生最大的幸福莫过于梦想成真，人生最大的希望莫过于对梦想成真的企盼。人生有一种快乐是幻想梦想成真的幸福。

也许你有很多梦想，但是不能太贪心，今天只能想象其中一个梦想实现的情景。不要再左右为难了，就是那个你一直最渴盼的梦想了。幻想的时候，应该选择在一个好的环境里进行。比如在夜晚月光柔柔的阳台上，靠着躺椅，静静地享受月光的温柔，在这迷人而浪漫的氛围中，最适合在想象的世界里徜徉，而且最好是一个人，保证没有人打扰你的静思和美梦。也可以在朦胧的灯光下，用被子将自己包裹在卧室的大床上，微闭着双眼，让视线变得迷离模糊，头脑中的想象似乎已经在眼前闪现。

根据你的梦想的性质，你甚至可以选择一种背景音乐，这样也许有助于你想象的深入。想象的时候，你可以想象得很具体，包括具体的场所、具体的人物、具体的动作、具体的语言，每一个细节都可以在脑子里像放电影一样。想象的时候，你可以完全忘了此时此刻的所在，甚至忘了此刻的自我，是另一个"我"在另一个世界里游走。

如果你想开心地笑，那就笑出来吧，这里没有别人，只有你自己，在这个自我的世界里，你可以随意做着任何你想做的事，可以无所顾忌地开心，因为，此时此刻，你要真的以为你的梦想已经实现了。

给自己藏点儿小幸福

在我们每个人的精神世界中，都有一轮炙热的闪耀着激励和赞美之光的太阳。这轮太阳就是一个人发自内心地对自我的赞美和欣赏，只要这轮太阳不被自卑自叹、自怨自艾的乌云所遮掩，它的光芒就会照亮你的心灵，照亮你前进的道路，照亮你未来的岁月。

小草总是赞美大树的挺拔，可它忘记了自己风吹不折、雨打不惧的顽强意志也让人叹服；小溪总是赞美大海的壮观，可它忘记了正是自己的默默奔流，才成就了大海的波澜壮阔；绿叶总是赞美花的娇艳，可它忘记了正是自己心甘情愿的陪衬，才显现出花朵的美丽……

曾几何时，我们已经习惯了赞美别人，认为赞美一词就是为别人而量身定做的，认为别人处处强于自己，自己处处不是，注定平庸。因此自卑之感时不时地冒出来，模糊了我们远望的视线，扰乱了我们生活的平静步调。既然这样，就闭上你赞美他人的嘴巴，赞美自己吧！

想好了赞美自己的语言了吗？想好了就拿出纸和笔，写上满满一页赞美自己的话。如果还没想好，就自信地站在镜子前，仔细地打量一番自己。也许你身材不好，还有些胖，那就赞美自己的健康；也许你眼睛不大，那就赞美自己的目光有神；也许你的个子不高，还很消瘦，那就赞美自己是精华的浓缩吧……终于，你会发现，自己真的很不错，自己也是一道风景，这时你会信心满满，希望满满……

记住，一定要写上满满的一页，赞美自己一定不要吝啬语言的丰富和华丽。当然，一切也要从实际出发，写出你自己的个性特点。有些特性，从一个角度看是缺点，换一个角度看也许就是优点了，关键看你自己怎么发挥，怎么把握。这样做的过程，能够让你更好地完善自己的个性特点，做一个更加优秀的人。

兴之所至地活，才算精彩

兴趣是生活和工作的润滑剂，是点燃快乐火炬的助燃器，是消除疲倦的提神茶。而生活中处处都能寻找到属于你的快乐，关键在于你的兴趣在哪里。

当我们在做自己喜欢做的事情时，很少感到疲倦，很多人都有这种感觉。比如在一个假日里你到湖边去钓鱼，整整在湖边坐了 10 个小时，可你一点都不觉得累，为什么？因为钓鱼是你的兴趣所在，从钓鱼中你享受到了快乐。如果我们把生活和工作也当作一件有趣的事情来做，就会从中寻找到无穷的乐趣。

"我怎么样才能在工作中获得乐趣呢？"一位企业家说，"我在一笔生意中刚刚亏损了 15 万元，我太失败了，没脸见人了。"

很多人就常常这样把自己的想法加入既成的事实。实际上，亏损了 15 万元是事实，但说自己太失败，没脸见人，那只是自己的想法。一位英国人说过这样一句名言："人之所以不安，不是因为发生的事情，而是因为他们对发生的事情产生的想法。"也就是说，兴趣的获得也就是个人的心理体验，而不是事情本身。

事实上，很多时候，我们都能在生活中寻找到乐趣，正如亚伯拉罕·林肯所说的："只要心里想快乐，绝大部分人都能如愿以偿。"

过程是怡人的风景

人做每一件事似乎都有一个特定的目的，就这样常常为生活中的"应然"而行动，抛却了心中真正的愿望。也许你在内心深处总在渴望做一件不为任何目的，只是心中想做，能让心态放松的事。

改变你平常坐车的方式，不用在站台苦苦等候某一辆车，只要有车过来，随便哪一辆，都是你的选择。上车之后，选一个自己喜欢的座位，心里不要给自己设定一个具体的终点。就这样静静地、悠闲地欣赏车窗外流动的景象，任思绪自由飘飞，不用刻意去注意乘务员的报站，不用去管每到一个站点的人来人往，也不用去理会你身旁的人群拥挤，或是人声鼎沸。你可以完全沉浸在自己的世界里，想你最近发生的一些事情，把那些纷乱的事情都理出个头绪来。或者你根本什么都不用刻意去想，让你的思想享受这难得的清闲，你甚至可以微闭着眼睛，静静养神，反正你不用担心会坐过站。

车又到了某一站，也许你突然间不想继续，那就下车吧。不用在意这个地方你是否来过，是否熟悉。下车后你可以有目的或无目的地自由闲逛一番，然后又随便选择一辆车，让它载着你去下一个未知的地方。此时此刻，你可以随意地环顾着车内的其他人，他们是否都行色匆匆，一副焦急期盼的神色，对每一个站点有着下意识的关注？那就是平常的你，今天你终于可以暂时逃避这种劳累，心里一定觉得异常地轻松自在吧！

旅程的时间完全由你自己来控制，你想进行多久就进行多久，想到哪一站结束就到哪一站结束，甚至不用去理会这个终点站你是否熟悉。

终于决定结束这次旅程，那么现在的任务就是找到回家的路，可能这个地方你有些陌生，如果一时间有些混乱，摸不清方向，千万不要着急，相信自己，在这个城市你一定能找到回家的路。

沉醉在音乐的海洋里

生活如同一叶小舟，只有扬起理想的风帆，荡起奋斗的双桨，才能到达光辉的彼岸。无论境遇如何变化，都要歌唱着生活，不要奢望太多，要珍惜今天所拥有的，要学会从各种名利中解脱，做到得之淡然，失之泰然。

音乐是个好东西，很多音乐都能把你日常生活中的沉重压力释放出来，你能因而得到精神上的舒缓、休息和平和，享受这些美妙的旋律，让你自己感受那恬静的气氛，享受到音乐的轻抚，重拾信心。

选取一组你喜欢的音乐，在一个安静的房子里，开着音响，如果你怕影响到其他人，塞着耳机也行。选择一个自己比较舒适的姿势，斜倚在沙发上、半躺在躺椅上，或者干脆随意地让自己倒在床上。总之，你觉得怎么舒服就怎么来。

然后微闭着眼睛，倒不用刻意地去留意音乐表达了怎样的一种情感，只是很随性很随意地让音乐缓缓地流过，通过你的耳朵，传到你的心里。你可以随意地让自己的思绪飘飞，音乐让你想起什么，你就随着自己的心绪，不必强求，也不必压抑，一切都是那么自然随性。

也许刚开始你无法完全沉浸在那片海洋里，没有关系，慢慢地让自己的所有神经都放松，不要再把心思放到那些扰人的烦恼事情上，抛开外面的一切，听音乐吧。想象这片音乐的世界里发生了什么，它可能是一个浪漫的爱情故事，可能是在诉说满腔的情思，可能在表达对理想的渴望、对未来的希冀；它也有可能让你回想起从前的某些人某些事，也许你已经许久都不曾想起，重拾往事，是不是会让你有一些新的感悟？

也许，在音乐的世界里，你的意识在慢慢变得模糊，不要紧，让自己慢慢放松吧，即使睡着了也无妨。这本是一个放松的空间，让身心得到完全的休息，不要因为自己在音乐的世界里睡着而感到惭愧，而应该感到幸福，让音乐伴着你入眠，是多么美好的一件事啊！

心若放下，云淡风轻

在我们每个人的生活中，都可能有不能承受之重。如果你在纷繁复杂的生活中挣扎得甚感疲惫，那么就给自己的心情放个假吧。

当一个人感到"累"的时候,他的心情一定比他还"累"。无论我们做任何事,我们的心情永远忠实地追随着我们。绷紧的弦会断,穿久了不换的鞋也会过早磨损。而我们的人生是件长久的事,很多的事情都不可能一蹴而就,为了将来,必要时一定要给我们的心情放个假。

给心情放个假,和心情谈谈吧。这样心情会告诉我们,我们真正需要的是什么。很多的时候,人们承学业之重,是为了工作的轻松应对;承事业之重,是为了生活的富足安定;承情感之重,是为了人际的和谐快乐。我们承"其"重是为了得到心情的"轻"。当我们的心情告诉我们"累"时,我们应该问问自己是不是太过于死板了。因而,每当在这时候我们应该放松我们的心情,给心情放个假。

还好有你的陪伴、你的聆听

懂得倾诉,懂得把自己的心事与别人分享的人,才是真正会享受生活的人。把自己隐藏起来,遮着面纱与人相处的人,永远只能独自吞咽孤寂与落寞。

可能你很想和某位朋友增进彼此的了解,那么就把自己的故事首先讲给对方听。也许你的故事并不传奇,也没有多少引人入胜的动人情节，但至少包含了你成长的某一阶段的快乐和忧愁，至少从你的点滴故事里能窥见你性格和人品的缩影，最重要的是，那是你的故事，而不是其他任何人的。

约你那个朋友出来，去咖啡馆，去海滩边，去山脚下，去湖畔，地点并不重要，关键是气氛的幽静闲适，彼此轻松地交谈，然后你娓娓道来。听的人也不必如听讲座般严肃，如同听一段美妙的音乐般带着欣赏的感觉来倾听，这样轻松愉悦的氛围易激发你回忆的神经更加活跃地跳动。

把你的故事讲给朋友听是因为彼此的信任，所以，你不必刻意地对你的故事进行修饰，原汁原味的最好，因为真实才会显得更加动人。朋友会对你的故事认真倾听，有所见解，看看你的故事在别人眼中是怎样的一种色彩，也许这会对你今后的人生有所帮助。

采撷身边的快乐

人人都在追求快乐，却不知道快乐原来就在我们自己的身边。其实，快乐不快乐，有时并不在于外部的条件，只在于你的心理感受而已，在于你是否有一颗清澈明亮的心，如果你的心灵布满了灰尘或是画满了阴影，快乐的阳光也就无法照进你的心房。

如果外面阳光明媚，微风习习，那就是个划船的好天气。邀上几个朋友，一起去公园划船吧！

一条小木船一般只能坐四五个人，一人管方向，其他几个人分坐两边划桨。管方向的人要协调好划桨人划桨的频率，指挥大家力往一块使，只有齐心协力才能顺利前进。如果人多，还可以分成几组，进行划船比赛，看看谁能最先到达对岸。

如果是第一次划船，可能会掌握不好划桨的姿势和力度，尤其是众人没有协调好时，船就没法正常行进。

不过很快你们就能学会，而且学习的过程很好玩，可能还会闹出许多笑料。

第一次划船的经历总是充满了欢笑，让人回味无穷。尤其是大伙你一桨我一桨拼命往前划，而船又没有行进的时候，每个人都会为自己和同伴的笨笨的样子忍俊不禁。当你们终于学会了协调一致，掌握了划桨的要领，船儿随着桨的节拍快速行进的时候，内心的雀跃又是不可言喻的。

划船的时候，还可以欣赏湖面的碧波荡漾和湖上的其他风景，一只只小船在湖面上游走，时不时还会出现船与船相撞的情景，伴着玩耍的人们的笑声，让人觉得生活是如此美妙。

欣赏风景的时候，别忘了拍几张照片，包括湖面的美景、大伙划桨热火朝天的场面、某个人划桨时滑稽的动作，等等。

如果遇有桥洞，大家的注意力一定要高度集中，把船头对准洞口,当心偏移,这是考验大家的方向感了。穿桥洞是非常有趣的,很多人都不能一次成功,一次次尝试的过程会让大家笑声不断。

当终于成功穿过,每个人都会忍不住为自己欢呼喝彩。湖面上到处充满了欢声笑语,渲染了整个公园的气氛,甚至都会引得湖岸上行走的人们也跃跃欲试,想加入到其中来。

给疲倦的身体放个假

生命在于运动,健康需要运动,充沛的大脑活力来自运动。多给自己的身体一些运动的机会,让你的人生充满活力。

上班族每天为前程打拼,疲劳的眼睛、僵直的颈椎、酸痛的腰背,是否正困扰着你?聪明的你,有没有自己的应对之策?没错——运动!没时间去健身房,不妨在工作的间隙来做做瑜伽工间练习,舒展一下筋骨,抖擞一下精神,让你一整天都神采奕奕!

瑜伽一定要空腹练习。如果胃里有食物的话,练习时就会感觉身体沉重,不能充分扭转伸拉身体。在做动作时,食物还会在胃里和身体一起动,这不利于身体健康。而且瑜伽不仅作用在身体上,还作用在能量上,如果胃里有食物的话,能量就不能平衡流动到身体的每一个部位，大多数的能量都会流向消化系统，用于消化食物，练习也就得不到益处。因此，瑜伽最好的练习时间是在早上空腹练习。如果吃了丰盛的食物的话，至少要间隔3—4小时才能练习，而且练习完以后要等半个小时才能吃东西。

练习瑜伽的态度非常重要。练习时要谨慎，动作要轻柔。眉头紧蹙、过于紧张都会降低练习的效果，甚至导致损伤。要记住，脸上只是挂着一丝微笑，也会有缓解面部紧张的作用，微笑会给你带来轻松，使全身松弛。从练习中寻找到乐趣也很关键，它反过来可以增加身体的灵活性，加强力量，增大运动幅度，使身心意识的境界得到提升。

要在安宁、通风良好的房间内练习。确保室内空气较新鲜，以使自己可以自由地吸入氧气。也可以在室外练习，但环境要愉快，比如在有花木的美丽花园里，不要在大风、寒冷或不干净的、有烟味的、难闻的空气中练习。

练习场地不宜太硬或太软。瑜伽是不受场地限制的活动之一，无论在家里的客厅、卧室、阳台，或是办公室、户外场所，只要有一个可容全身平躺或伸展的空间即可，但由于瑜伽动作涉及许多柔软动作，练习时难免有挤压肢体和肌肉的状况，所以应避免在坚硬的地板或太软的弹簧床上练习，否则会意外受伤。因此，在家练习瑜伽时，最好在地上铺块毛毯或瑜伽垫。

练习前要做好充分的思想准备。练习时要先进行热身，这点非常重要。因为热身可以帮助身体做好准备，在练习时感到更轻松，防止发生意外伤害。热身还可以改善意识状态，有利于瑜伽练习和身体健康；可以改善血液循环，有利于全身的协调和舒展。

热身有助于把注意力集中到呼吸上，使呼吸均匀。这样可以增加氧气吸入量，提高能量水平，更好地集中注意力。不仅如此，练习所带来的肌肉绷紧也会因为事先热身而减轻，热身使血液循环加快，肌肉的供氧增多，加速了体内毒素和废物的排出。

认真接受老师的指导，从最简单的动作开始，按要求逐渐加大动作难度。按照所建议的时间来保持某个姿势，不要产生紧张感。经过一段时间的定期练习就能达到更高水平，不要为了获得最大益处就直接尝试难度最大的姿势。按照自己身体的实际情况，保持当前的练习水平就会收到最好的效果。如果受生理条件的限制，如肌肉紧张、关节不灵活或旧疾等，不能练习更高一级的姿势，你也不应灰心，要相信你正从当前练习中获得益处。练习时应小心谨慎，不要强迫身体练习某些不适合自己的姿势。

在蓝天白云间翱翔

荡秋千——不用像小鸟一样展开双翅就能体验飞起来的感觉,有如在蓝天白云间翱翔,越飞越高,就像人生的目标步步高升。

很多人小时候都荡过秋千,似乎觉得这仅是小朋友的专利。长大后,看到小孩子在越飞越高的秋千上飞扬的欢笑,虽然也很怀念儿时的快乐,虽然也有些跃跃欲试,但总觉得这已经是一种远去的游戏,从而望而却步。

其实这种想法完全没有必要,为什么要剥夺自己享受快乐的权利呢?也没有谁规定荡秋千是属于小孩子的专利,任何年龄层次的人都可以享受这种快乐。关于荡秋千,古时便已流传,它是我国一项传统的竞技游戏。在古人的诗词歌赋中,有不少关于荡秋千的描写,如苏轼的"墙里秋千墙外道,墙外行人,墙里佳人笑",欧阳修的"绿杨楼外出秋千",冯延巳的"柳外秋千出画墙"等。可见,荡秋千自古以来便是男女老少皆宜的娱乐项目。

无论是为了快乐,还是浪漫,今天就用心体验一下荡秋千的感觉吧。你可以叫上一个同伴,让他帮你推动秋千,让秋千随着推力越飞越高。你可以睁大眼睛看着蓝天白云在你身边旋转,也可以闭上双眼,用耳朵聆听飞扬的风呼啸的声音,用心感受腾空飞扬的澎湃。你甚至可以把自己想象成从天而降，落入凡间的神仙，把大地变成你喜欢的景象，你的身边已经开满鲜花……

　　这个想象的空间是让你放松的空间。荡着秋千，会让你整个身心都沉浸在一个梦幻般的世界里，又让这个梦境充满了真实感。

第四章 不要提前焦虑,也不要预支烦恼

勇敢面对，跨过去就是远方

　　人生总要经历许多道坎，有时候感觉真的很难迈过去，是真的迈不过去了吗？还是因为我们认为迈不过去？那么，先什么都不要想，勇敢面对这一切吧，慢慢地你会发现这一切终究会迎刃而解的。

　　许多人在困难出现时，退却了；在无法突破时，灰心了；更有人在没有达到预期目标时就丧失了斗志，甚至有人用放弃自己的生命来了结问题。

　　如果我们此时选择勇敢与豁达，先"放心"去面对，再"用心"去解决，你会发现，问题有时只是我们想象中的猛兽，一旦你带着武器反攻，它们可能成为不堪一击的泡泡，轻轻一刺，便消失了。

　　如果我们还可以选择，为什么不选择？那么就不要再踌躇不前了，先思考一下问题的重点，再搜集相关的、有助于解决问题的资讯，拟订解决的方案与取代的方法，然后把自己推向最重要的执行上。打破限制，突破牢笼，激发自己的潜能，成功就在眼前。

一笑而过，不苛求感激

人生在世，总会遇到一些不如意的事。这个时候，怀恨是魔鬼，懊恼是阴魂，唯有超然处之，不去苛求一份感激，才会使你收获内心永久的宁静，这正是人生难求的境界。

不可否认，人都有七情六欲，而人世间又有那么多不平、不幸与不公，人的情绪总是不由自主地随外界的变化而变化。也许，这才是一个正常人应有的情绪反应。我们都是普通人，不可能凡事都能做到超然于世。

人世间很多恼人事、烦人事终究是不可避免的，我们用凡人之力无法去改变，无法去阻挡。既然如此，何不用一颗平常心去看待这一切，对于别人的误解一笑而过，快乐永远是属于我们自己的。

让我们试着去学会超然处世吧，慢慢地你会发现那真的是个美妙的意境。

这样做的时候，开始可能会很难，心里总是想不通，不痛快，最直接的想法可能就是下次再也不干这种蠢事了，或者再也不理这个人了。其实没必要如此，是金子总会发光，好心也总会被人领会，只是时间问题。即使看不到误会澄清的希望，也不要灰心，更不要改变做人的原则，只要想着自己问心无愧就可以安心了。

这个人不明白，总会有其他人明白的，永远保持热心和爱心，你永远都会是快乐的。

想通了吗？是不是即使这么想了还是有点难受呢？没关系，强迫自己笑一笑吧，开始可能笑得有些勉强，不太自然，慢慢地，你真的能会心地笑出来。

没有到达不了的明天

世上所有困难最大的敌人是人的自信，自信让人产生强烈的成功欲望，并因此加倍努力去争取。因为自信，我们会觉得浑身充满了力量；因为自信，我们会藐视一切暂时的艰难险阻；因为自信，我们的生活会更幸福；因为自信，我们的生命会更精彩。

自信的力量不容忽视，自信是成功的必要条件。然而，自信说起来容易，做起来难。我们不能让自信仅仅停留在想象，还要让自己成为自信的实践者。要成为自信者，就要像自信者一样去行动。也许很多时候，我们总是迟迟不敢去行动，不敢踏出那战胜困难、战胜自己的第一步，而就让这些事一直拖着，让它们一直搁浅在我们的生命历程里停滞不前。

其实这就是一种逃避，一种对困难和现实的逃避，可是逃避不能解决任何问题，如果我们始终不去面对，那么这些困难就始终存在着，问题始终得不到解决，压在我们心里，甚至让我们感觉到不能呼吸了。

那么，就让我们从今天开始，拿出十二分的勇气来，切切实实地面对那些困难。把那些在心里默默下了很多次决心而又未果的事摆到桌面上来，不再给自己任何逃遁的机会和余地。

认真地部署计划，对自己说一句："我能行！"然后迈开行动的第一步，相信自己，有了第一步，就会有第二步，接下来就要迎接成功的曙光了。

其实你也可以的

把自己优异的一面展现出来，在自己的才能得到肯定的同时，也给别人带来了欢乐。这不是虚荣，这是内心最真实的充实感，我们的自信心有很大部分就来源于外界对自己的肯定。

联欢会，就是大家一起制造快乐，增进友谊的大会，在这里，每个人都可以尽情地展现自己最为优秀的一面，只要能给大家带来快乐，无论是什么，都可以表现出来。

如果你有某项艺术特长，比如唱歌、跳舞、弹奏乐器等，那还等什么，赶快展现给大家看啊！不过对于大多数人来讲，可能并没有独特的才能，没关系，重在参与，哪怕只是去唱一首歌，朗诵一首诗，甚至只是讲一段话，都是你的节目。

在众人联欢的场合表演节目，其实需要的就是站上台的那一刹那的勇气，是不是感觉抬不起脚步，尤其当你对自己的节目没有什么信心的时候？其实，根本不用去多想什么，这是联欢会，而不是什么比赛，没有人会去计较你的表演会得多少分，也没有人会去比较你和某某的表现，所以你不用去担心，只要能给大家带来快乐，你就成功了。

如果你既不会唱，也不会跳，那就给大家讲一个笑话吧！如果你的知识库藏里没有现成的笑话素材，那么你就勤快一点，提前准备吧。

如果你有足够的兴致，你甚至可以表演多个节目。没有人规定一个人只能表演一个节目，这样做也是为了给那些缺乏勇气的人鼓劲，尤其当你的表演把联欢会的气氛推向高潮时，你就是这次联欢会的快乐使者了。

自在事，自由人

热烈、激情四溢的狂欢对身心是绝妙的放松，当熊熊烈焰燃烧起来，你的每一个细胞都变成了跳跃的因子，颓废和疲乏都会逃之夭夭。

想去野外狂欢吗？篝火晚会是你最佳的选择。在户外找一个合适的地方，召集一群朋友，大家计划一下，要带些什么东西，吃的，用的，还要策划出一些活动形式来娱乐。

地点的选择最好是在靠近水的地方，也可以在山脚下，但是一定要注意安全，在树木多的地方，要小心引起火灾。确定地点后，就开始收集树枝、木材等可燃物，一定要多多收集，以免柴少火小，或者一会儿火就灭了，玩不尽兴。

点燃篝火后，可以在火堆上架起支架，烤一些肉、红薯之类的食品，或者煮粥熬汤。野外烧出来的食物会觉得特别香，关键是过程的享受。大家一起互助合作，比比看谁做的食物最香，这样的过程别有一番风味。

在篝火旁唱歌跳舞是最最快乐的事了，大家可以有组织地对歌，跳集体舞蹈，还可以讲故事、说相声，或者三五成群地嬉笑打闹，真是其乐无穷。

火变小了，可以继续添柴，直到你们玩得尽兴为止。或者是你们想来个通宵狂欢也未尝不可，累了可以选择在火堆旁躺下，学原始人那样呼呼大睡。这也是你可以享受的自由。

退一步海阔天空

人生旅途中，前进固然可喜，后退也未尝可悲。有时候，前进一步，也许就是万丈深渊；而后退一步，也许你会发现，原来海阔天空。

你可能听过看过，或自己有这样的经历：朋友之间因一句闲话而争得面红耳赤；邻里之间因孩子打架导致大人拌嘴，老死不相往来；夫妻之间因为家庭琐事而争吵不休，导致劳燕分飞，等等。其实当我们静下心来，仔细想想这些事情，总会觉得有点可笑甚至荒谬。既然退一步可以化干戈为玉帛，又何乐而不为呢？会生活的人，并不会一味地争强好胜，在必要的时候，宁愿后退一步，作出必要的自我牺牲。要明白人生的路并不是一条笔直的大道，既需要穷追猛打，也需要退步自守，既应该争，也应该让。

明白了这些道理，那么想想自己的现实生活吧，你是否还在憋着一口气，因为某某说过一句不中听的话；你是否还在为某位同事在那次工作任务中不全力配合你而耿耿于怀。告诉自己，放弃这些无谓的计较，心平气和地享受现在的拥有，享受这份放弃的轻松和惬意吧。

爱不必深藏

勇敢表白,表面上看来是对爱情展开追逐,但其实是想努力找到完整的自己,即使到最后未能如愿和心仪的人在一起,却一定能够寻回自己曾经失落的部分。

爱有时不需要承诺,却需要真心表白。一份没有表白过的爱情,有如一册空白的日记,一份埋藏在心底的爱,也如同一本空白的纪念册,虽有无限的幻想和憧憬,最终的命运都是被沉默窒息,如果连开始都没有,又何谈结果?

勇敢表白,让对方明白你的心意,即使被拒绝,以后回想起来也不会后悔。因为自己曾经尝试过,也努力过。这是一段还没来得及开花的恋情,我们怎忍心让它无声地夭折?

爱,就大声地说出来,不要给自己的人生留下永远的遗憾。如果你不敢亲口说出来,那么就用别的方式,用文字来表达,给对方一封表白的信。如果你连亲手把信交给对方的勇气都没有,那么就用电子邮件。别忘了,现在你还可以用线上发信息的方式来表达你的心意。

无所羁绊，尽情狂欢

孤独，是一个人的狂欢；狂欢，是一群人的孤独。如果你觉得孤单而又疲惫，就和朋友一起狂欢吧，大家一起把孤独欢送。

当工作的压力越来越沉重时，不要长吁短叹，和知心同事、同窗老友来一次快乐相聚吧！喝喝茶、唱唱歌，一身的疲劳都会在狂欢中消散。

狂欢，就是要忘了矜持，忘了生活，忘了自我，让身心得到一次彻底的放松。彻底放松，多么奢侈昂贵的境界，很多人都在渴盼，却又难以做到。

想想看，你的生活是否充满了繁忙，每天的工作量是否过大？生活是否已经让你疲惫不堪？如果是，何不趁今天放开自我的一切，找个地方狂欢一下。

狂欢，当然要带上酒，和朋友一起去一个有音乐的地方。不一定非要去酒吧，你可以自己找一个场所，就只有自己和朋友，那样玩起来也许会更放松、更惬意。

当我们意气风发、精神抖擞开始大肆庆祝这狂欢的盛典时，可以尽情歌唱，尽情舞动，甚至尖叫，在这里没有人会说另一个人过分得像个疯子。

如果想让狂欢更多一点新奇浪漫，你也可以办个化装舞会，找一间温暖的小屋，布置各种迷人的璀璨灯饰，亮晶晶的会让人迷失好一阵子，像进入了一个童话世界。所有朋友都戴上各种颜色的高帽，扮成卡通人物。当音乐响起，脚步伴随着开心的舞曲，带来的将是最热烈的气氛。

如果还能去追，就该不抱怨地前行

"明日复明日，明日何其多？我生待明日，万事成蹉跎。"要想不荒废岁月，干出一番事业，就要克服做事拖拉这个坏习惯。

拖拉者的一个悲剧是，一方面梦想仙境中的玫瑰园出现，另一方面又忽略窗外盛开的玫瑰。昨天已成为历史，明天仅是幻想，现实的玫瑰就是"今天"。拖拉所浪费的正是这宝贵的"今天"，这样他的生活必然是：陷入焦虑，拖拖拉拉，自以为"突击是完成任务的妙法"，结果，时间压力给人带来一重又一重的焦虑，天天在着急上火中生活。

让缺点合理化是拖拉者的一个最大退路，是找借口为自己开脱。也许你经常会说："要是再有一些时间，我肯定能搞得再好点儿。"而事实是，许多事情是很早就部署下来的。

那么，今天就别再给自己找这样的借口，开始着手干吧。你会发现这其实只不过是轻而易举的事，只不过因为你的拖延，让其成了一个紧迫问题，在你最紧张的时候来抢你宝贵的时间。

既然决定动手，就不要像平时那样逃避费力气的部分，总想先干一些简易的琐事，让它们占满你的分分秒秒，而又把困难拖到最后再说。倘若又是这样，你必定又会重蹈覆辙，把平时逃避的困难又拖到了明天。你之所以会逃避这件事，必定是因为它其中有困难的部分。所以，你必须先着手其中最困难的部分，逼迫自己不再逃避，抬起头来面对，拿出实施的勇气。等把最棘手的部分完成之后，接下来的任务就很轻松了。当然，也不要因为剩下来的任务简单，就放松精力，甚至留待明天。倘若这样，你就又陷入了拖拉的泥潭，只是这次不是因为胆怯而逃避，而是因为轻视而搁置。

最好的办法是一气呵成，把所有的问题都一次解决，不要有任何遗留。只有全部完成，才可以完全放下，让所有事告一段落。

成为你想要的光

智者曰："两弊相衡取其轻，两利相权取其重。"学会选择，就是要扬长避短，用长远的眼光去规划你今天的选择会为你赢来怎样的明天。

人生一旦作出了某种选择，就不要后悔，但也不能盲目，一定要懂得为你的选择做一个长远规划，这样才能更好地为你的选择而努力付出。

任何一种选择后作出的行动，都犹如在爬树。譬如职业，一旦发现树上所结的果实并非自己所需或者上面的枝干已经腐朽时，唯一的选择就是退下来，换一棵树或者朝另一个方向继续爬。在旧树干上爬得越高的人，退下来的难度也就越大，而且越是观望等待，所付出的代价就越大，这就是选择的成本代价。所以，正确的人生态度就是想方设法降低选择的机会成本，为选择做出一个长远的规划。

为选择作长远规划的时候，不能把自己关在家里空想，必须搜集相关资料，针对各种因素做详细的调查，然后认真权衡。有必要的话，还可以向有经验的人请教。

做这样的工作必须慎重，不能止于形式，必须立足现实，实事求是，也不能只是口头说说，最好认真做一份规划书，以备行动参考，将来环境发生变化时，还可以在原有的计划书上做出改动和批复。

交换了位置，也就换了眼光

很多事情因为不是发生在你身上，所以你看不到，也想不到，因此，试着站在别人的立场上看一看吧，也许，你就会多了一些宽容与理解。

同样的状况，站在不同的角度去看时，就会产生不同的心态。

站在别人的立场看一看，或换个角度想一想，很多事就不一样了，你会更加包容，也会有更多的爱。是的，这样很难，很多人都做不到，或是忘记了、忽略了，但是只要你拥有一颗善良的心，一颗友爱的心，就一定能做到的。

如果你想让你的世界有更多的包容和关爱，那么，你就可以做到，其实很简单，只需要暂时把别人当作自己。

尤其是与你敌对的人，站在他的立场上看看你们之间的敌对，看看你平时的态度，看看你曾对他做过的一些事，也许很快就能够理解他为何与你敌对。因为从他的角度看，你可能的确做得比较过分，让他无法理解，无法忍受。这样换角度的结果，可以让自己用另一种眼光审视自己的所作所为，避免陷入自我的泥潭不能自拔。

这是个自我剖析和自我完善的过程，如果你这样做了，你一定会发现受益匪浅。

不要忘记自己想要的幸福

诚实并不难，难就难在当我们面对诱惑的时候，还要保持诚实。然而，诚实会让我们得到更多。

诚实是一种美德，是一种可以感动心灵的美德，如果世界上人人都诚实，那么我们的生活便会少了许多欺骗和悲哀。然而我们无法要求别人，那么就从自己做起吧！

福楼拜曾说过："一个机会可以失而复得，可是一句谎话却驷马难追。"谎言会伤害你的灵魂，让灵魂不得安宁。

当一种能够依靠说谎而得到的利益摆在我们面前时，我们能否依然选择内心的准则——诚实，这是衡量一个人品德的重要标准。

如果我们希望自己能成为一名品行高尚的人，那么无论何时都请选择与诚实为伍。

不要以为诚实会让你失去什么，当诱惑来临的时候，不是自己的就不是自己的，靠谎言获得的幸福终究是不牢靠的，因为它已经腐蚀了你的心灵。想要幸福，想要获得更多，就不要让诱惑偷走你的诚实。

原来花儿会对你笑

清代医学家吴尚先曾经说过："七情之病也，看花解闷，听曲消愁，有胜于服药者矣。"根据人的情志、爱好、性格的不同，所处的自然条件与家庭环境的不同，有选择地莳养一些适合自己的花卉品种，可以达到怡情养性、消闷解愁、焕发精神、增强活力、延年益寿的功效。

赏花之时，悠悠漫步，细细观赏，芳香扑鼻，给人以乐趣，纵有千愁也会顿时尽消。若是自己学会了种植花卉，其间的乐趣，要比单纯的赏花更胜一筹。由于自己花了心思，洒下了汗水，盛开的鲜花更会给你无穷无尽的快慰之感。

想象一下，一枝艳丽芳香的月季花在窗前摇曳，顿时给人以生机盎然和美的感受；一丛苍郁葱茏的文竹放在案头，立即呈现一派清雅文静的气氛；一盆幽香的兰花摆在室内，令人心旷神怡。花，赏心悦目优美动人；花，历来为人们视为吉祥、幸福、繁荣、团结和友谊的象征。

居家养花，乃怡情之首选。养花，还要学会选花，选择适合自己的花卉品种。走进花店，你可以请教花店老板或者店员，让他们帮忙介绍各种花的特征和功效，以及如何去养。你也可以直接告诉店员你喜欢什么特征的花，你养花的主要目的，以及你能为养花付出多少时间和精力。然后，店员会根据你的描述介绍一些花种给你，这时候，你就可以根据你的感觉来选择，相信这个时候的选择应该容易多了。

养花也有养花之道，许多养花爱好者由于不得要领，而把花养得蔫头蔫脑，毫无生气。所以，养花切忌随心所欲，必须要得其要领。一要细心呵护，对这些美丽的生命应有细心和勤勉的态度，勤动脑，多钻研钻研养花的知识；勤动手，记得经常浇水施肥。二要爱心适度，对花不能爱过了头，不能经常摆弄，胡乱施肥浇水，打乱其正常生长规律。

第五章 不纠结过去，不忧心未来

把烦恼写在沙滩上

人一旦进入红尘中，有时在忙碌中忘了自我，忘了快乐，忘了满足，而只剩下烦恼。烦恼来自执着，来自追求，来自对尘世的这种执着的追求。其实烦恼可以像写在沙滩上的字，海水一冲就流走了。

有这样一个故事，话说有一个中年人，年轻时所追求的家庭事业如今都有了，但是他却觉得生命空虚，感到彷徨无奈，而且情况越来越严重，只好去看医生。医生给他开了几个处方，分四服药放在药袋里，让他去海边服药，服药时间分别为9点、12点、15点、17点。

9点整，他打开第一服药服用，然而里面没有药，只写了两个字"谛听"。于是，他坐下来，谛听风的声音、海浪的声音，甚至还听到了自己的心跳节拍和大自然的节奏合在一起跳动。他觉得身心都得到了清洗。他自问：我有多久没这么安静地坐下来倾听了？

到了中午，他打开第二个处方，上面写着"回忆"两字。他开始从谛听转到回忆，回忆自己童年、少年时期的欢乐，回忆自己青年时期的艰难创业，他想到了父母的慈爱，兄弟、朋友的情谊，他感觉到生命的力量与热情重新从体内燃烧起来了。

下午3点，他打开第三个药方，上面写着"检讨你的动机"。他仔细地回想早年的创业，开始是为了热情地工作，而等到事业有成，则只顾着挣钱，失去了经营事业的喜悦，为了自身的利益，他失去了对别人的关怀。想到这儿，他开始有所醒悟了。

到黄昏，他打开了最后一个处方，上面写着"把烦恼写在沙滩上"。他走到离海最近的沙滩，写下"烦恼"二字，一个波浪很快上来淹没了他的"烦恼"。沙滩上又是一片平坦！

当他走在回家的路上时，他再度恢复了生命的活力，他的空虚无奈也被治好了！

我们不妨也把追求的烦恼写在沙滩上，让海水把它冲走。然后，学会静静地"谛听"，让自己回归自然，享受自然生存的乐趣！静坐海边，让涛声带领我们去回忆、去感受，感受家人给我们带来的温馨，感受兄弟姐妹的情谊。这时，你会发现，人生的真正喜悦是浓浓的亲情、友情、爱情！

还等什么呢？现在就出发去海边吧！

对挫折一笑了之

没有人会一帆风顺，人生总是充满了挫折和坎坷。真正的成功，是经历了无数次失败后的一次转折，失败就是成功之母。正确处理失败和挫折，才能迎来真正的成功。

为什么我们总是觉得离成功那么遥远，那是因为我们被困难的阴影遮住了成功的欲望。人是有欲望的动物，往往是欲望促使我们去行动，欲望有多强烈，行动的速度和力度就有多大。如果让失败的阴影阻挡了成功的欲望，我们就永远只能在失败的阴影里过活，而成功永远都只能是个遥远的梦。

所以，面对挫折，真的不必太在意，笑一笑，重拾信心，然后继续朝着成功的方向迈开大步走下去。当然，不在意不等于对失败不重视。对于失败是个态度问题，也是个如何把握的问题。正确的做法应该是在战略上重视，在战术上忽视。对于失败，我们应该认真总结出经验教训，告诫自己下次别再犯就行，而对于具体的事情，完全可以不放在心上，应该把全部的精力放到接下来要做的事情上去。

今天要做的具体的事就是让自己对着天空微微一笑，然后低下头来看看脚下正在走和将要走的路，在心里默默为自己唱一首战歌，然后甩甩头，就当把满身的灰尘抖落干净，重新上路。

伴你一生的是心情

伴你一生的是心情,它是你唯一不能被剥夺的财富。烦恼忧愁,开心快乐,都可以伴随生命的全部过程。生命是个过程,直面生命是一种态度。善待了生命,就是善待了自己,简单的感情,简单的快乐,放下烦恼,拥有快乐!

人生在世,每一个人都会在自己的哭声中到来,在别人的哭声中离去。有时我们因欲望而感受人生之累,为欲望而感受人生之短暂。也许我们懂得烦恼来自我们自身,来自我们自己的人生欲望。人生短暂,容不得我们常与烦恼纠缠,不能让烦恼伴随着自己去迎接崭新的太阳。

在平凡的生活中,不经意的来来往往,我们要对什么事都感觉新鲜,使生活充满乐趣。有心情的时候,我们可以随意写些文字,用文字叙述一下自己的心情;想念的时候,可以和朋友通通电话,说说生活中的趣事;也可以上网和网友聊聊天、听听音乐,有时间还可以看山以静神,也可以观海以开阔心胸。就让我们以一种普通人的目光看待世界,不为昨天的失意而懊悔,不为今天的失落而烦恼,不为明朝的得失而忧愁,知足常乐,随遇而安,凡事顺其自然。我们要喜欢这种恬然宁静的心境,享受这种简单而平静的平淡生活。

生活在这纷扰喧嚣的世界，有时真的需要有自己独处的空间，可以放飞自己的心灵，什么都可以想，什么都可以不想。一人独处，静美随之而来，清灵随之而来，温馨随之而来；一人独处的时候，贫穷也富有，寂寞也温柔。

可以漫步到江边，伫立在无声的空旷中，感受一份清灵。让心灵远离尘嚣纷乱的世界，默默地体验花香，聆听鸟鸣。欣赏自然带给我们的乐趣，静静地沉浸在自己的遐想中，不要谁来做伴，只有自己，而在这时我们是最真实的。抬头仰望天边云卷云舒，让心儿随着自己无边的思绪飘飞。此时，这个世界属于我们，我们也拥有了整个世界。

可以捧一杯香茗，在氤氲的缭绕中慵懒地翻阅一本好书。让自己在这份难得的宁静中，去书中解读关于生活，关于情感的文字。此刻，孤独成为一支空灵的竹箫，悄悄地流淌着轻柔的曲调。可以被书中的人物打动，静静地流泪。这时的我已卸掉了生活的面具，返璞归真，不带任何伪饰的成分；抑或是微笑，这笑也是甜甜的，是久蓄于心的一份无法表达的秘密。

可以播放轻缓的温柔的《小夜曲》，静静地赖在床上，什么都不想，只让自己沉浸在这精心营造出的氛围里。让身心此刻回归本真，默默地享受音乐带给我们心灵的栖息。让音乐来诠释我们对浪漫的渴求。

无论生活多么繁重，我们都应在尘世的喧嚣中，找到这份不可多得的静谧，在疲惫中给自己心灵一点小憩，让自己属于自己，让自己解剖自己，让自己鼓励自己，让自己做回自己……

放下烦恼是一种美丽的真实！放下烦恼是一种真实的美丽！

没有过度的期望，便没有没完的失望

梦想的实现，贵在坚持，但也要看追逐的路途是否太遥远、太崎岖，甚至是否方向不对，以致无法达到。放弃不合理的梦想，是一种钻心的痛，但为了能够更好地生活，我们必须学会忍痛割舍。

梦想也要建立在现实的基础上，这样才有实现的可能性。人们若站得太高，看得太远，这只能一路追逐梦想的影子，而始终抓不住、摸不着，还把自己累得筋疲力尽。如果是这样，何不干脆放弃那些根本追逐不到的梦想，重新建立一个更有现实意义的梦想呢？

强迫自己忘记那遥远的美好，那看不清楚的美好，收回你那因伸得太长而发酸的脖子，放低你那因望得太远已有些发痛的双眼。告诉自己，那不属于自己，那只不过是你生命中的一个幻影，用虚幻的美丽诱惑着你，让你在迷途中劳累自己的心灵。所以，明智的我们，必须学会迷途知返，放弃这些沉重的包袱。

别把时间浪费在无意义的事上

　　人生就像一只在春天里忙碌的蜜蜂，为了自己，为了人们能够得到香甜的蜂蜜，而忙碌着。怕就怕一不小心采摘到有毒的花粉，而毁了自己的一生。

　　你是否觉得你每天都在忙碌不停，为工作，为生活，为其他很多很多的杂乱无章的事？这么多事你都忙出头绪来了吗？是不是每件事都是你必须或者应该去忙的事？是不是每件事都对你的人生，对你的日常生活有或多或少的意义？这里面肯定有一些事把你的生活搅得一团糟，把它们都揪出来，停止对它们的操心和劳累，把它们抛到你的生活之外。

　　可能你不是很清楚什么事是你不该忙的，反而把一些你应该做好的事丢在了一边。比如你为了挣一份外快把自己的本职工作给耽误了，恐怕这就有点得不偿失了吧。又比如你很关心某人，为他做各种事，操各种心，说不定人家自己早有打算和安排，你的这些付出对他而言没有任何意义，你说你这不是白忙一场吗？

　　仔细想想，你的生活中这样类似的事情有哪些？如果有，赶快停止吧，越早停下来越好！

生活不需要附加的装饰

　　生命如舟，载不动太多的物欲和虚荣，怎样使它在抵达彼岸之前不在中途搁浅或沉没？我们是否该选择轻载，丢掉一些不必要的包袱？那样我们的旅程也许会多一份从容与安康。

　　有时我们拥有的内容太多太乱，我们的心思太复杂，负荷太沉重，烦恼太多。诱惑我们的事物太多，会大大地妨碍我们，损害我们。

　　人生要有所获得，就不能让诱惑自己的东西太多，心灵里累积的烦恼太杂乱，努力的方向过于分叉。我们要简化自己的人生。我们要学会有所放弃，要学习经常审视自己，把自己生活中和内心里的一些东西断然放弃掉。

　　仔细想想你的生活中有哪些诱惑因素，是什么在一直干扰着你，让你的心灵不能安宁，又是什么让你坚持得太累，是什么在阻止着你的快乐。把这些让你不快乐的包袱通通扔弃吧！只有除掉我们人生田地和花园里的这些杂草害虫，我们才有机会同真正有益于自己的人和事亲近，才能获得适合自己的东西。我们才能在人生的土地上播下良种，致力于有价值的耕种，最终收获丰硕的粮食，在人生的花园采摘到鲜丽的花朵。

断了束缚的绳，才能自由飞翔

当我们坚守一样东西的同时，也在失去更多的东西，当新的机遇来临的时候，我们有没有问过自己，我们的执着是否值得？当执着变成一种固执，是什么在束缚我们的心灵自由飞翔？

很多人都是一边自己放弃新的机会，一边又怪罪机会不降临在他身上。放不下是因为我们心中有自己坚持的东西，仔细想想，是什么让我们如此放不下？

内心的那份欲望与执着，使我们一直受缚，也许我们并不快乐。告诉自己，如果我们可以放弃一些固执、限制，甚至是利益，这样反而可以得到更多。

放下一些自己很在乎的东西，的确很难，尤其当你坚持了很长时间，而这几乎变成了生活中的一种习惯，但是你并不快乐，可是又在渴望快乐。也许，你唯一要做的，就是将双手张开，轻轻吐一口气，把心思放在那些对自己真正有意义的事情上。或者干脆断绝我们继续坚持的一切线索，比如你的心里一直放不下一个人，就狠狠心删掉这个人的一切联系方式，让自己再也无法与他联系。真的，放下无谓的执着，就能逍遥自在了。

别和往事过不去,因为它已经过去

很多时候,人的痛苦来源于一些不好的记忆,过去的已然过去,何不学着放弃那段记忆,学着遗忘,快乐就会重新回到我们身边。

遗忘,对痛苦是解脱,对疲惫是宽慰,对自我是一种升华。在人生的旅途中,如果把什么成败得失、功名利禄、恩恩怨怨、是是非非等都牢记心中,让那些伤心事、烦恼事、无聊事永远萦绕于脑际,在心中烙下永不褪色的印记,那就等于给自己背上了沉重的包袱、无形的枷锁。这样你就会活得很苦很累,以致精神萎靡,心力交瘁,而生命之舟就会无所依存,就会在茫茫的大海中迷航,甚至有倾覆的危险。如果我们善于遗忘,把不该记住的东西统统忘掉,那就会给我们带来心境的愉快和精神的轻松。正像陶铸同志所说:"往事如烟俱忘却,心底无私天地宽。"

遗忘是一种能力,一种品质。要学会遗忘,经常进行自我心理调节,想大一点,想远一点,想开一点,从名利得失、个人恩怨中解脱出来。对已经过去的无关紧要的事物,要糊涂一点,淡化一点,宽容一点,朦胧一点,及时将这些东西从大脑这个仓库中"清除"出去,不让它们在记忆中占有一席之地。

学会遗忘吧!放下过去那日益沉重的包袱,轻装上阵,精力充沛地面对现在，信心百倍地去迎接未来，就能开拓新境界，创造生命的亮丽风景线。

动之以情，晓之以理

动之以情，晓之以理，说服一个人需要花费很大的精力和时间，因为说服不能强迫，而需要让别人心悦诚服。

在你小的时候，你也许听过这个故事：北风与太阳打赌说，它可以吹掉一个人的大衣。太阳答应和它打这个赌。于是北风使劲地吹啊吹，而那个人更用力地将大衣裹在自己身上。不管北风刮得多猛烈，它只能使那个人将大衣裹得更紧。最后，北风放弃了。太阳说："我知道该怎么做。"太阳开始将温暖的阳光洒在那个人身上。几分钟后，那个人慢慢松开了大衣。接着，太阳更温暖地照耀着这个人。最后，那个人将大衣完全脱掉。凭着自己的温暖，太阳很快做到了北风竭尽全力也做不到的事情。

这说明了一个道理：说服人们最容易的方法是帮助他们得到他们想要的东西。

不管你多么能说会道，不管你有多少事实与数据支持自己的观点，如果人们不想做某件事情，你是无论如何也说服不了他们的。所以，说服人们实际上是一个找到人们喜欢什么、需要什么、想要什么的过程。所以，想要说服某人做这件事，那么就试图从这件事中找到此人感兴趣的部分，或者通过你的劝说，让他对这件事产生兴趣，这才是关键所在。

征服、说教、操纵，这些都不是说服。它们只是控制人们的不同方法。说服人就是让他与他想要的东西达成一致意见，然后帮助他找到得到这些东西的方法。这样，双方都可以赢。

关注对方的肢体语言，当他谈到自己想要的东西时，他会以某种特殊方式"明亮"起来。他似乎变得更有能力，更有活力。当这种情况发生时，隐含的信息就会明朗起来。

留意对方的用词，当他说"问题在于……"这些话语的时候，他正在告诉你他有一种需要。例如，如果他说"问题是我们没有时间做其他事情"，那么他正在告诉你，他需要给自己更多的时间。

当有人说"我真希望我可以……"的时候，他正在表现出一种需要，你就应将谈话转到那个方向去。

品味对方的埋怨，每一个埋怨的背后都隐藏着一个秘密的渴望。如果你能学会将人们的消极话语翻译成它所对应的积极话语，你就会知道人们想要什么，而知道人们想要什么是说服他们的金钥匙！

人生总有一段弯路要走

一个人要想成功，理想、勇气、毅力固然重要，但更重要的是，在错综复杂的人生路上，如遇到迷途，要懂得舍弃，更要懂得转弯！

我们都知道理想对于我们人生的重要性，人不能没有理想，可是常常有人为理想倾注一生心血却仍旧一事无成，不得志的我们，是否想到理想也可以转弯？

可能你从来没有想过这个问题，或者对理想很执着，那就耐心地劝劝自己，认真分析利弊，分析理想的现实意义，坚持到底值不值得。有没有想过自己可能真的在某一方面不是很擅长，这可能不是你的优势所在，要知道，每个人的智能都不会是均衡发展的，人人都有各自的强项和劣势。人生中所经历的失败，并不是因为我们努力得不够，而可能因为我们暂时还没有找到最适合自己走的那条路。所以，当我们为了理想而努力，在错综繁复的人生路上迷途、碰壁的时候，要学会转弯，并随时校正自己的理想，因为有些理想未必就适合我们，只有最适合你发展的路径，才是你真正的理想。

对自己做个盘点

人都会犯错误，对待错误的态度常常显示一个人的品格。敢于忏悔，勇敢地面对自己的错误，才不会被错误玷污了你的灵魂。

在人们意识的深层，埋藏着一种叫"忏悔"的种子。正是这种种子，使人们明白了什么叫勇气可嘉，明白了什么叫诚实可贵。

忏悔是一种勇气，一种敢于面对自己、面对人生、面对社会，充满责任的勇气。只有当一个人把推进社会进步作为己任时，才有可能毫不留情地批判自身；只有坦坦荡荡地把胸襟敞开时，才能算得上一个真正的人。从这个意义上讲，忏悔是高尚的，也是坚强的。忏悔者没有一丝羞怯，因为真诚和使命感已经成为他力量的源泉。

忏悔的第一步就是要想想自己曾经做过什么错事。敢于承认自己的错误是开端，不要只是在心里暗暗想想就完事，而要认真地用纸和笔记下来，一件一件地列举出来，然后在每一件事后面写下自己的点评和感想。当时过境迁之后你是否变得成熟，当下次遇到这种类似的事的时候你是否还会再犯，这一切都要看你此时的表现，看你自我忏悔的深度。

这种高贵的、优秀的、不同凡响而又无比挚诚的忏悔，使我们不断超越自己，不断前进。这不是在祈求原谅，而是在对过去进行理性分析，这种分析是一个曲折的扬弃过程。

所以，冷静地回头想一想，好好忏悔一下曾经的过失，对我们以后的人生是一种鞭策、一种激励。

曾经吃过的苦，会成为未来的路

人们常有一种"托付思想"，就是将自己的命运托付给别人或是外力掌控。这种"托付"有时是主动的——因为掌控不易，而干脆放弃掌控，懒得掌控；有时是被动的——因掌控不了，无奈之下，不得不放弃掌控权；有时却是不知不觉的……

有这样一个故事，一个小孩抓住了一只小鸟，问一位人人都尊称其为智者的老人："都说你能回答任何人提出的任何问题，那么请您回答我，这只鸟是活的还是死的？"老人想了想，他完全明白这个孩子的意图，便语重心长地说："孩子啊，如果我说这鸟是活的，你就会马上捏死它。如果我说它是死的呢，你就会放手让它飞走。你看，孩子，这只鸟的死活，就全看你的了！"

智者给我们这样的启示：每个人的前途与命运，就像握在手里的小鸟一样，成败与哀乐，完全掌握在自己的手中。

怨天尤人会让你失去很多奋斗的机会，失去很多自我掌控命运的能力和机会，如果你还在继续，停止吧，收回你原本的权力，用自身的努力掌控自我的命运。所以，给自己一个自信的微笑，勇往直前地做自己想做的事，相信自己，只要你肯努力，就一定会成功。

不要将友谊丢弃在被遗忘的角落

不要靠馈赠来获得一个朋友。你需贡献你真挚的爱，用正当的方法来赢得一个人的心。友谊也需要细心的呵护和经常的问候，不要因为忽略而把友谊丢弃在被遗忘的角落。

不知你有没有发现，大部分人在某一阶段都有某一阶段的朋友，经常联络的除了极个别的挚友，也只有此时此刻的一些朋友，而那些已经时过境迁的朋友，也许大部分只是留下了一个电话号码保存在电话本里。朋友如果久不联系，真的就会遗忘的。

今天留出一些时间，其他什么事都不做，专门用来给一些久未联系的朋友送出友好的问候。拿出电话本，一个一个仔细地对照，看看哪些朋友已经太久没有联络了，想想最后一次联络是什么时候，是因为什么而联络，彼此都说了些什么。这样的朋友也许比较多，加上时间比较久远，一时间也想不起那么多，没有关系，能想起多少是多少，回忆的空间能让你找到一点友谊的温情，激起你想知道对方近况的急切心情。

按照电话本里记录电话的顺序一个一个问候，问候很简单，不一定要说什么惊天动地的大事，也不要因为有事找别人才想起问候，这样的问候太功利，会让人心存芥蒂。所以，今天的问候只宜简单，表达你对对方的关心和祝福即可，如果你真的有事，也最好下次联系再说。

可能有些朋友的电话号码已有变化，而没有及时通知你，如果有人的电话打不通，做下记号，事后再想办法询问；还有些人此时电话忙，也要做下记号，等联系完其他人再回过头来继续拨打，千万不可搁置一旁，不再理会。我们做一件事就要尽力做到圆满，要用诚心来做，尤其是对待友谊，千万不可敷衍，不可功利，否则，就会滑出友谊的轨道。

第六章 没有不快乐的事,只有不快乐的心

善意的，好心的

与人交往贵在"真诚"，真诚会让人心里坦荡荡，放心交往。然而，有时候，真诚会"刺"到人柔弱的心灵，这时不如换个方式，善意的谎言也是一种真诚。

一些直爽的人，喜欢实话实说，常常让人觉得太过莽直，锋芒毕露。人无论处在何种地位，也无论是在哪种情况下，都喜欢听好话，喜欢受到别人的赞扬，不愿听到伤害自己的话。

为人必须有锋芒也有魄力，在特定的场合显示一下自己的锋芒，是很有必要的，但是如果太过，不仅会刺伤别人，也会损伤自己。

面对某人的脆弱，不如说个善意的谎言，如果你觉得真实的情况可能会让他无法承受，或者真话说出来没有任何好处，无论对谁都是有百害而无一利，那么，你又何苦说出真话呢？

也许，你的谎话反而能给对方一些安慰，一些鼓励，一些动力，一些自信，会使对方重燃激情，重新找回奋斗的勇气和魄力。

只要不是恶意的欺骗，只要是出于善心，只要是为了帮助对方，没关系的，上天都会感激你的善良。

微笑是世界上最好的东西

对人微笑是一种文明的表现，它显示出一种力量、涵养和暗示。微笑是一种宽容、一种接纳，它缩短了我们彼此的距离，使人与人之间心心相通。

如果说行动比语言更具有力量，那么微笑就是无声的行动，它所表示的是："我很满意你，你使我快乐，我很高兴见到你。"笑容是结束说话的最佳"句号"。

卡耐基说："笑容能照亮所有看到它的人，像穿过乌云的太阳，带给人们温暖。"的确是这样，喜欢微笑着面对他人的人，往往更容易走进对方的心底，微笑是一个人好意和友善的信使。

那么，今天就对你身边的每一个人微笑吧，这样保持一整天。不要等着别人对你表示善意，要先对别人表达你的好意。如果你没有表达错误的话，认识你的人会对你的改变感到惊讶，而不认识你的人也会认为你是一个特别温和、友善的人。

于匆忙中转身回望

　　重温昔日的美好点滴，心系一份美丽的心情，细细品味，品味那一瞬间的感动，品味那一刹那的惊喜，品味那铭心的痛、那苦涩的忧虑、那开心的笑，那是种难得的惬意。

　　回忆是美的，也可以与人分享，比如找个人和你一起回忆过去的某个日子。这个人可以是那天和你共同经历某件事的人，也可以是另外一个。

　　如果是那天和你共同经历某件事的人，你们共同回忆那天的场景，你一言我一语，共同描述当时的情节，然后说说当时自己的心情，以及现在的感受。从回忆中你们有什么样的启示和感悟也许是最重要的，回忆不能仅仅停留在过去的某一点，毕竟过去的已经过去，回忆是为了怀念，更是为了前进。

　　这种回忆的过程，会让你们找到你们感情的轨迹，感情也会在这种回忆中慢慢沉淀，甚至升华。

　　如果这个人和你没有什么共同的回忆，过去的时间里彼此还没有在对方的生命里出现过，那么，你们可以约定一个过去的时间，各自回想一下那个时间你们都在做什么。这样回忆的过程很有趣，也许你们在做类似的事情，然后会感叹缘分的奇妙；也许你们在做非常迥异的事情，你们也可以从对方的人生轨迹中感叹生活的瞬息万变，从而激发与时俱进的动力和决心。

设身处地为人，将心比心待人

多一些宽容，人的生活中就会多一份阳光，多一份温暖。宽容别人就是解放自己。只要我们远离妒忌和怨恨，就会远离痛苦、绝望和愤怒。

"宽恕"就是对别人的过错能有所包容，也唯有心胸开阔的人才做得到。心胸开阔的人，会适时体谅别人的难处，宽容别人的过错。

就好比自己犯了过错，心中难免懊悔，总希望别人能原谅自己，能有补救的机会，从此不再犯错。将心比心，别人何尝不是这样想呢？如果我们能设身处地去体会别人渴望得到宽恕的心境，就能领悟到"宽恕"的意义和价值了。心胸开阔的人，不但能安抚别人不安的心，更能提供给不小心犯错的人补救的机会。

把你的宽容告诉对方，并鼓励对方不必再为过去的事难过，只要懂得从过去的失败中吸取教训，以后不再犯就好。

有位哲人说："教育的十之八九是鼓励。教育不是填鸭式的喂食，而是点燃心中的智慧火种。"这告诉我们：宽恕来自一种善念。这善念将成就一个真、善、美的世界。

宽容别人的过错，对方定能感受到你的善念，从而勇敢地面对过去，迎接未来。

用真心化解，用爱心面对

冤家宜解不宜结，与人相处，难免有矛盾和冲突，关键要及时化解，用爱心面对，学会尊重和沟通，误会将无处藏身。

沟通是化解矛盾的最佳手段，因此如果你想为人化解矛盾，得想办法让这两个心存积怨的人，能够心平气和地坐下来沟通。这恐怕得要你事先做点准备工作。

首先，你可以分别找他们聊聊，有意识无意识地探听他们各自对对方的看法和对这件事的态度。通过和两方的聊天了解事情的来龙去脉之后，分析一下积怨产生的原因，这里面可能隐藏着一些误会。然后你再分别找他们谈谈，这次要有针对性，就两人的关系入手，发表你对事情本身的看法，站在旁观者的角度很公正地去看事情本身，然后客观对另一个人的为人作出评价。这样做主要是为了澄清误会，消除彼此之间的积怨，等到两人态度开始缓和，再提出让他们见面聊聊的建议。

或者你见两人情绪和态度都差不多变得平缓，就可以分别将两人约出来，事先并不说明，然后你做一个和事佬，让二人握手言和，之后你可以找借口离开，给两人交流沟通的空间。接下来你就不必做什么了，因为你的工作已经完成。

每一个人都有自己的芳香

社会是一个舞台，也是一个竞技场。人生是表演，也是奋斗。每个人都需要别人的关注、喝彩和鼓掌，就像需要批评一样。如果只有沉默，那生活就一定会索然无味的。

在社会生活中，每一个人都渴望得到别人的欣赏，同样，每一个人也应该学会去欣赏别人。欣赏与被欣赏是一个互动的过程，欣赏者必须具有愉悦之心、仁爱之怀、成人之美的善念。因此，学会欣赏，应该是一种做人的美德，肯定了别人也是肯定了自己，诚如爱默生所言："人生最美丽的补偿之一，就是人们真诚地帮助了别人之后，同时也帮助了自己。"

认真欣赏你身边的某一个人，欣赏你的同事，你和同事之间会合作得更加亲密；欣赏你的下属，下属会工作得更加努力；欣赏你的爱人，你们的爱情会更加甜蜜；欣赏你的孩子，说不准他就是一个英才……

欣赏别人不是让你去阿谀奉承，它应出于真诚，是对别人人生意义的肯定，是一种高尚的情操，是一种现代人应该具备的修养。欣赏不是让你说出多么华丽的赞美辞令，其实，几下掌声，几句赞誉，或者一个眼神、一个微笑也可以。但别人却会从你的欣赏里得到对自我的肯定，得到鼓励、欢乐、信心和力量。

欣赏别人，是善待他人的一种方式，是以人之长补己之短的明智之举。就在我们欣赏别人的同时，这个世界在我们的眼中也变得更加美丽。

培根说："欣赏者心中有朝霞、露珠和常年盛开的花朵，漠视者冰结心城、四海枯竭、丛山荒芜。"让我们在生活中多一些欣赏吧，欣赏是一种给予，一种馨香，一种沟通与理解，一种信赖与祝福。人人彼此欣赏，世界就充满了温暖与生机！

履行诺言，为别人，也为自己

花儿是春天的诺言，潮汛是大海的诺言，远方是道路的诺言。世界因为信守了许多大大小小的诺言，肃穆而深情。遵守诺言是一项重要的感情储蓄，违背诺言是一项重大的支取。导致情感储备大量支取的莫过于许下某个至关重要的诺言而又不履行这一诺言。

也许你并没有想过要逃避自己曾许下的诺言，只是总缺乏履行的动力，而一再拖延。今天就别再给自己找任何借口了，哪怕履行起来有点难度——如果轻松即可完成，那又何须通过承诺来向别人保证呢？

首先认真回忆一下当时你是怎样许下诺言的，你对别人保证过什么。诺言的实现不能偷工减料，你说过你要做什么，做到什么程度，都要一一按约定完成。

然后部署一下你的行动，既然许下诺言，就要做到最好。完成这个行动需要什么样的条件，需要什么人的帮助，需要你付出怎样的努力，你能做到多少，这些都要认真考虑清楚。

把完成这个承诺的行动当作自己的事情来做，尽心尽力，心甘情愿，摒弃抱怨和厌烦情绪。遵守诺言是一种责任，是一种精神，也是一种情操，这不仅是为别人，也是为自己，为自己的人格修养付出努力。

不完美，才美

谁都知道世界上不存在十全十美，明知是不存在的东西，为何还要千方百计得到？为此所付出的努力也只会付诸东流。

完美，的确是很美好的一种境界。但是，要知道，人在追求一样事物时，不可太过偏执。我们在追求"完美生活"的同时，不可失去自由，否则就体会不到生活的快乐和释然，反而让光阴白白流逝。其实，过分追求完美的结果，就是自己制造了一个思想枷锁将自己束缚，给自己层层设卡。

学会放弃完美吧，因为我们的确不是完美无缺的。这是一个令人宽慰的事实，越是及早地接受这一事实，就越能及早地向新的目标迈进，这是人生的真谛。

因此，不要再埋怨生活中的一些残缺，比如，你可能觉得自己长得不够漂亮，脑子不够聪明，或者没有钱过好日子，没有一份好工作等。想想你所拥有的吧，十全十美的生活是没有的，你应该想想你至少还有几分美，剩下的那些没有的，或许你还可以努力去创造，这就是生活的乐趣与动力啊。如果你什么都有了，那你活着还有什么可奋斗的，还有什么可追求的，没有理想与目标的生活该是多么空虚无聊啊！所以，你应该庆幸你的生活还有残缺，还有你可以去追求的东西。

现今是一个理性极强的时代，完美虽然达不到，但我们可以做到"最好的自己"。

让我们放弃完美，努力求实吧！

漆黑的夜空总有闪亮的星

人只有相信一些东西，才会真的感觉到它的存在，哪怕生活中的美好只是一个遥远而模糊的印象，你也要用你纯净的心使它变得清晰。

蚂蚁曾经对大象说：请你相信生活是美好的！因为你是那么强壮，能够轻易地搬动一块石头。小草曾经对大树说：请你相信生活是美好的！因为你是那么高大，能够最早看到美丽的阳光。麻雀曾经对雄鹰说：请你相信生活是美好的！因为你是那么有力，能够翱翔在蓝天白云之际。

请你相信一些美好的存在，尽管在你我的身边总有一些不尽如人意的地方，请把你的眼光移开，不要专注于那些痛苦哀愁、烦恼忧伤。换一种眼光，换一种心情，去看看生活中那些开心的事，那些感觉到希望的事，你难道不觉得生活是美好的吗？

不要总是心存疑虑，因为你的信任会美化所有的瑕疵。当你无端地猜测许多看似完美的东西，不顾一切地寻找真相时，你会更难过！那我们最好不要那么做，不是吗？与其找到了残缺的真相而失望、心痛，还不如带着满足的微笑欣赏那些尚存的美好！有时欺骗也是很美好的！不是我们丢失了寻找真相的勇气，而是我们生活中的一切本来并不完美。

相信美好是存在的，这不是懦夫所为，而是懂得了一份可贵的美丽。我们也许为了别人的快乐放弃了自己的求真，那样并不是错误的，而是成就了一种善意的幸福。也许我们无法正常地理解这种幸福，那是需要细细品味的。我想我们都要学会成全、学会放弃，那样的生活或许会更美好的。

当我们不断地执着于一些早就名存实亡的事物时，那不如早点放弃这样无谓的牺牲。放弃其实也是很美丽的。我们要正确地对待一切事物，该执着固然要努力追求，而对于一些早已磨灭的东西，我们该放在记忆的盒子里，当作一种奇异的珍宝收藏。生活本该是美好单纯的，不要让它复杂！

我们都被这个世界温柔地爱着

我们每个人都有一本生活词典，上面写满对自我的认识和评价。当我们翻看自己的词典时，自卑总会不失时机地映入眼帘，让我们忘了其他的词语。自卑的人常会因为痛苦而把自己看得太低，并在这种痛苦中无法自拔。许多人每时每刻都在和内心的自己进行斗争，这场斗争是持久的，是艰辛的。必要的时候，不如给自己一点积极的心理暗示，一切便会迎刃而解。

有这样一个故事，一天，有位客人到法国药剂师鲍德恩处买一种要医生处方才能出售的药物。客人没有处方，但他非要买到那药物。鲍德恩没有办法，但又不能违法卖药。他灵机一动，给了那客人数粒完全没有药性的糖衣片，并告诉他这是他要的药物，还将它的效力大大夸了一番。然后将客人打发走了。数天后，客人回到药房，大大地感谢了鲍德恩一番，说是鲍德恩的"药"治好了他的顽疾。

看到了吧，这就是心理暗示的伟大作用。给自己多一点积极的暗示，告诉自己生活是美好的，烦恼是暂时的，希望是永恒的，自己是最棒的。相信自我的鼓励会给你一股神奇的力量，让你可以赶跑一切烦恼忧愁，战胜一切艰难险阻，永远自信快乐地生活、成长。正如鲍德恩的"药"一样，"药"赋予了病人潜意识的心理力量，我们也可以在自己潜意识这片土地肥沃的田园里撒播美丽果实的种子，那么一切杂草就不会再在这儿蔓延生长了。

在该绽放的时刻尽情怒放

我们每一个人都可能获得自己的天堂，关键是你想不想去获得，敢不敢去获得，会不会去获得，怎样去理解和认识这种获得。一个答案在耳边响起：勇敢付出，为梦想跨出第一步。

很多事情不是你不想去做，而是你不敢去做，因为你害怕失败，因为你还没开始行动就认为自己不可能成功。每个人应该都有这样的隐藏在心底的梦想吧！比如，你想做一名歌手，但你从来不敢在大庭广众唱歌；你想当一名作家，但你从来不敢投稿；你想做一名服装设计师，但你从来不敢拿着你的作品去参加任何的比赛；你想做一名新闻主播，但你从来不敢站在演讲台上……

所有的这一切，都源于你缺乏自信，也不敢付出。也许你现在的水平离实现你的梦想还很遥远，但是，你真正害怕的，其实是失败，以及为实现梦想所要付出的艰辛，因为你觉得，那实在遥不可及。

其实，你错了，任何事情没有真正尝试过，谁也无法预料结果。如果你想唱歌，就勇敢地大声唱出来，说不定会赢来鲜花和掌声；如果你想写作，就勇敢地把你写的东西投递出去，说不定你会等到一个惊喜；如果你想设计服装，就勇敢拿着你的作品去你梦想的单位应聘，说不定你会从此踏上你梦想的职业生涯；如果你想播报新闻，就勇敢地站在演讲台上大声朗诵一次，说不定你会让自己都觉得惊讶……

不要再犹豫了，拿出你的勇气来，大不了从头再来。

实现梦想并非遥不可及的事，只要勇敢地跨出第一步，就会离目标越来越近。

第七章 不必等风来，你跑起来就会有风

总有一些东西，教我们活得更好

　　伟人之所以成为伟人，必然有其不同于常人的地方，必有常人难以达到的高度。然而，任何人的成长，都是从普通人开始的，学习伟人，就要学习他们如何从普通人开始迈步的。

　　面对巍巍的高山，有人拜倒在它的脚下；面对坎坷的道路，有人徘徊不前；面对无数次的失败，有人一蹶不振。这完全是因为他们缺乏自信的缘故。而伟人与常人的区别就在于，在面对这些磨难和挫折时，他们选择了勇敢面对，积极寻找前进的道路。看一部伟人传记，可以学习伟人从困境中一步一步走出来的坚韧和毅力。

　　每个人也许都有自己最钦佩和最欣赏的伟人，无论是哪位伟人，都有值得我们学习的地方。所以，选择哪位伟人的故事，完全取决于你自己。美国的海伦·凯勒小时候生了一场大病，从此又聋、又哑、又盲，但她并没有丧失信心。她克服了常人难以想象的困难，学会了说话，学完了大学的课程，并掌握了5国文字，成了著名的作家。爱因斯坦小时候做手工时，别人挖苦他所做的小板凳是世界上最丑陋的。但他并未灰心，反而又拿出两件更丑陋的作品对老师说："这是我前两次做的，虽然第三只仍不能令人满意，但总比前两次好。"爱因斯坦自信任何事情他都能做得更好，所以，他一生坚持不懈，终于成为举世闻名的大科学家。

人生不可能是一帆风顺的，谁一生下来就会说话、会走路？每个人都要从积累与磨炼中逐渐成长，所以请相信，路是人走出来的，这可能是所有伟人故事告诉你的一个共同的道理。认真看看你手中的书吧，你还会学到更多。

比别人坚持久一点

"世上无难事，只要肯登攀。"不论做什么事，如不坚持到底，半途而废，那么再简单的事也无法完成；相反，只要抱着锲而不舍、持之以恒的精神，再难办的事情也会有被解决的时候。凡事都要我们脚踏实地，一步一个脚印，坚持到底，才能够到达成功的顶点。

当别人问及著名登山家乔治·马洛里为什么想攀登世界最高

峰时，马洛里答道："因为山在那里。"是的，对于许许多多热爱登山的人来说，只是因为山在那里，所以攀登。他们不断地挑战人类的生理和心理极限，寻求与大自然最直接的对话方式。

如今，越来越多的人爱好登山，把登山当作一种锻炼自己的意志的活动，既锻炼了身体素质，又磨炼了心理素质。那么选择一座你觉得能征服的山吧！做好一切准备，坚持爬到山顶。

攀登的过程中，肯定会累得想要放弃，记住一定要给自己鼓劲，坚持就是胜利，千万不可半途而废，累了可以稍作休息，休息一下继续攀登。

登山还要注意身体安全，要讲科学，要量力而行，快慢有度，循序渐进。不要一味求快，为了早点达到目的，早点实现梦想，就不顾身体劳累，强力行进，那会使身体吃不消，甚至虚脱。所以，只要做到持之以恒，最后能坚持到底就行了。

要经验，不要"经验主义"

就算是一流的专家，也会不知不觉地陷入一些误区。经验固然可贵，但也只能代表过去留给现在的一点积蓄，我们不能仅凭这点微薄的积蓄维持生计，生命在于继续创造。

牟塞说："人们将他们的愚行取了个名字叫经验。"可见，经验常常给我们带来错误与愚昧。

经验属于过去，只能作为现在的参考，而不能当作灵丹妙药，拿来解决一切新出现的问题。

每一天中的每一件事对我们而言，都应该有全新的体验和诠释，别让经验抹杀了我们的智慧和灵感，创意人生里，经验是垫脚石还是绊脚石，就看你如何把握。如果仅凭经验，就轻下定论，将注定你与创意无缘。

你今天接手的这项工作任务，对你来说，也许早已不陌生，因为你已经做过同样或者类似的任务很多次了。完成这项任务的每一个步骤，每一个步骤所用的方法，也许你都已经了然于心。

但是，千万不要因为这样就掉以轻心，让自己暂时忘记过去的经验，像第一次面对它时那样认真对待。

当然，忘记经验不是让你全盘否定过去，用一种全新的方法来重新操作，而是让你从态度上重视它，把它当作一次新的任务，结合过去的经验来把这件事做得更好。

同时，也要认真研究当前的工作环境以及条件，也许环境与条件变了，方法也要相应地发生改变。也许通过观察和思考，你会发现一种更好、更有效率的工作方法，这就是你忘记经验的收获。

用眼寻觅，用心感知

生命在于乐观面对，用心感知，这样才会变得更加珍贵和有意义。

凡尘俗世，要追求的东西太多，得到或得不到，都有万千烦恼，牵绕人的神经一生得不到安宁。

人生在世，不要过多计较所谓成败得失，生命是短暂的，放下心中的不快，把握好眼前的人生，去安心体会生命的意义，这就是生命之所在。

仔细想想现在拥有的美好，用欣赏和快乐的眼睛看待你身边的一切：你的工作、你的家人、你的朋友，你享受的每一缕阳光、每一口清新的空气，都是那么美好。

这世间，美好的东西实在多得数不过来。我们总是希望得到很多，让尽可能多的东西为自己所拥有。

人生如白驹过隙一样短暂，生命在拥有和失去之间，不经意地流干了。如果你失去了太阳，还有星光的照耀；失去了金钱，你还有亲情；当生命也离开你，你却拥有大地的亲吻。

在不经意中失去的，你还可以重新去争取；丢掉了爱心，你还可以在春天里寻觅；丢掉了意志，你要在冬天里重新磨砺；但丢掉了懒惰你却不能把它拾起。

欲望太多，成了累赘，还有什么比拥有淡泊的心胸让人更充实和满足的呢？

选择淡泊，珍惜拥有，然后继续走自己的路！

爱情需要悉心呵护

爱情因为浪漫而迷人，爱情需要细心呵护，浪漫需要用心制造，有心的人，总会让爱情弥漫着动人的色彩。

烛光晚餐在很多人眼里是一件非常浪漫的事，如果哪一对恋人还没有吃过烛光晚餐的话，那实在是太遗憾了。所以，你一定不会和你的爱人留有这种遗憾的，对吧？

事先预订一个餐厅，选择一个你和爱人都比较喜欢的环境，最好请乐师给烛光晚餐配上浪漫的音乐，这样的生活情调没有人会不陶醉的。

下班后，用电话把爱人约出来，不过最好事先说明，两人可以提前打扮一番，吃烛光晚餐怎么可以不打扮得漂亮体面一些呢？如果你是男士，为你的爱人准备一束花，就像第一次约会时那样，把花献给对方的时候，别忘了深情款款地说上一句："我爱你！"如果你是女士，也别忘了为对方准备一件别致的礼物，例如一条领带、一条皮带，等等。也许今天对你们来说并不是什么特殊的日子，但浪漫并不是只在特殊的日子才能出现，时常为平淡的生活制造一点点浪漫，生活也会因为有了这些点缀而更加美好、温馨。

当蜡烛点燃，烛光亮起，浅浅淡淡的昏黄和莹蓝，仿佛透着希望的光芒。朦胧的灯光下，当柔情的音乐声响起，抬起眼，给爱人一个深情的微笑，请对方跳一支舞吧，就像当年热恋时那样。也许你们已经相识很久，甚至结婚多年，但在这种浪漫的气氛烘托下，你一定会找回那种心潮起伏的感觉，轻轻抿一口红酒，你会感觉真的醉了。

行走在飘满笑声的世界里

不要抱怨生活给你带来太多的烦恼，快乐或是不快乐，有时不过是一种习惯。当快乐成为你生活中的习惯时，你会发现在每一个生命的瞬间，都留下了欢歌笑语的足迹。

想要快乐，想让生活充满笑声，办法很简单，看看笑话书就是一个很好的选择。笑话就是让你笑，让你乐开怀，即使你心中有无限烦恼，无限忧愁，看看笑话书，所有的这些不痛快都会在笑声中消逝，最起码，在那一刻，心中是快乐的。

有时候把看过的笑话讲给别人听，比你当时看这个笑话的时候还要开心。这大概是因为把快乐与人分享，快乐就会倍增吧。那么，当你看完某个笑话，回味无穷的时候，立马讲给身边的某个亲人或者朋友听，听着他的笑声，你会觉得更开心。

看完整本书，回味一下，看看自己还能记住多少，回忆着讲给身边的人听，甚至可以打电话讲给好朋友听，尤其是正处在烦恼中的朋友，让他也乐一下，虽然笑话的作用是有限的，但是快乐就是那么简单，用一些简单的东西，暂时冲淡一些烦恼与忧愁，快乐自然而然就产生了。

给心找个栖息的地方

有一个地方，永远孕育着希望与生机，它能抚平所有浮躁与不安，烦恼与忧愁，那就是大自然。

如果你生活在乡野，那么到自然中去感受万物生灵对你来说很简单，也许你每天都有机会做这件事，但是，对于大多数生活在城市里的上班族来说，恐怕这种机会就很难寻觅了。

去郊外，最好是大清早的时候就能赶到那里，因为早上的空气是最清新的，而且清晨是万物苏醒的时刻，你会感觉到格外生机盎然，从外到内，都会有种生机勃发的感觉充盈到你的全身。想体验这种感觉吗？那就早点出发吧。

这个地方，最好有山有水，有花有草，有虫有鸟，让你可以感受到大自然的一切气息和声响。

闭上眼睛，用心聆听鸟儿鸣叫的声音，是不是感觉它们是在歌唱？它们是在歌唱它们美丽的世界，动人的生活，你也可以的，和鸟儿们一起歌唱吧。

再看看碧波荡漾的湖水，没有湖的话，有一条小溪也不错，看落花随着流水漂移远去，听溪水淙淙的流动，就像是生命在流动，你会觉得这个世界是活的。生机孕育着希望，如果你有什么难过的事，如果你对生活有一点失望，听听大自然的声音吧，你会重新找到生活的希望。

还有大树郁郁葱葱，初升的阳光下树影婆婆，如一个妙龄少女在跳舞，婀娜多姿的身影，昭示着青春的无限美好。如果你正当青春年少，请珍惜大好年华，努力奋斗。如果你的青春已经远去，请不要悲叹，把青春的精神留下，只要心中有希望，拥有不老的精神，青春就能在我们的心里，在我们的血液里，在我们的骨髓里永驻。

呼吸一口新鲜空气，张开你的双臂，把大自然的气息拥抱在你的怀里，大声对自己说：生活多么美好，我要学会珍惜，让希望永远留在心里。

路要自己去走，才能越走越宽

人是社会人，人的"社会性"和"群体性"决定了人不可能完全孤立。人都有一定的依赖性，然而，适当的依赖是建立在"独立"的基础之上的。

朗费罗说过："不论成功还是失败，都是系于自己。"所以，凡事我们首先或是最后都得靠自己的努力。雨果也说："我宁可靠自己的力量，打开我的前途，而不愿求有力者垂青。"是的，我们要在生活中树立自己动手的信心，丰富自己的生活内容，向独立性强的人学习。当我们学会了自立，就会发现自己已无所畏惧，无形中已增加了自我的筹码，会让自己不断走向希望，走向成功，拥有一个圆满的人生。

放弃自己的依赖性，独自去完成一件事。这件事必须要有意义，而且最好是有一定的挑战性。如果你自己就可以轻轻松松地完成，就失去了锻炼的价值和意义。

可能你有许多热心的朋友，以及你的亲人，他们总是习惯性地想要帮你，本来这对于你来说，是一件特别幸福的事，你可能一直都在享受。但是，你今天必须改变这个习惯，同时，也要请你热心的亲人和朋友改变他们的习惯。如果你平时非常依赖他们，那么今天的任务对你来说比较有难度，因为你总是会自然而然地想到他们，尤其当你面临困难的时候。

可能你一开始就不知道如何下手，离开他人的帮助独自动手，总会让你觉得有些怯怯的，还会有一些畏难情绪。你可以寻求他们的鼓励，但你不可以让他们代劳。你甚至都可以在不知所措的时候，向他们取经，向他们请教，让他们告诉你做事的方法。把你的困难告诉他们，让他们帮你分析，你可以寻求一切口头的帮助，但是，你必须亲自动手做这件事。

今天是一个开始，以后都要坚持，将来的某天，你甚至可以完全抛开他们的帮忙，抛开一切的依赖思想，这是你的目标，也是你今天行动的动力。

你的付出，就是你的生活

理想的实现不是如流水般顺势而下，也不是如落叶般随风飘落，而是一颗深埋土壤的种子，需要我们不断浇灌施肥。为了实现理想，必须付出代价。

理想能否实现不在于你现在拥有多少财富或是知识，而在于你现在或是将来准备为理想付出多少。

有时候，在实现理想的路途中，成功的三大要素天时、地利、人和都已具备，而仅仅因为缺少了那份不懈的努力和不断付出的毅力，而前功尽弃。

想想今天你能为理想做点什么，不是空喊几句口号，也不是对着某人表表决心，而是要做具体的事，付出实实在在的努力，哪怕是很微小的一件事。朝理想的方向往前迈进了一小步，总比永远原地踏步好。

你的理想是什么？怎样努力才能实现你的理想？先把这个问题搞清楚，再开始行动，否则就会像无头苍蝇一样，到处乱碰，把自己累得筋疲力尽，结果却一事无成。所以，为理想付出要有明确的方向和计划，想清楚今天能做什么，该怎样做。懂得付出，还要有清醒的头脑。

舍得付出，理想就会通过我们的努力从梦里来到我们的眼前，但这并不意味着从此便可以高枕无忧。成就理想，是一个不断付出，从一个高度飞跃到另一个高度的过程。

为自己的心灵解锁

一个人走着，什么都可以想，也什么都可以不想，便觉得自己是个自由人。因为真正的旅行是一个人的旅行，只有一个人才能身心自由，静思默想。

一个人散步，没有可以交谈的对象，自然是有点沉闷，有点儿形单影只，因为这时在街边路旁散步的，多是一对对年轻的情侣，或是一些步履不再矫健而相携相扶的老夫妇。但一个人散步，却又有着许多的好处。你可以随意地选择或改变要走的路线，而不用与人相商，也不用担心别人反对或者不悦；可以随处站下或找一块石头小坐片刻；也可以看看天空，有月亮时就可以久久地凝视着这千古一轮的月儿，想一些关于月的神话、传说和科学探测；无月时仰望满天的星斗，也别有一番情趣。天上有一些星星，确是真正的"明星"，并且千古不变不灭，比起我们这个尘世中的那些"明星"来，可要长久永恒得多了。你看那牛郎星、织女星、北斗星、启明星……千万年了，还是那样明明亮亮地镶嵌在夜空中，让我们从童年到老年，都注视着它们。

独自散步，除了锻炼身体的意义外，更多的好处还在于思想。人在自由状态的运动中，比正襟危坐在书桌前更利于思考和想象。有时你会不由自主地自言自语起来，似乎有一个看不见的人和你走在一起。

事实上，这时你真的不是一个人，因为在你的心灵中，这时一定有一个人在陪伴着你。也许是一位红颜知己，或者是一位忘年之交，不管他（她）是远在他国或已辞别人世，在你独自的散步中，他（她）就会出现在你的脑海里。你们继续着以前的话题，关于一首诗，关于一篇有趣的故事，你们交谈着甚至争执着……许多新鲜的念头，也会像闪电一样，穿过厚重的云层闪耀出来，让你感到震撼和炫目。

确实，许多有价值的思想，许多的灵感，就是在这种独自散步中产生出来的。在独自的散步中，很少有孤独的感觉。因为真正的孤独是心灵上的孤独而非形式上的孤独。有时在节日，在晚会上，在人群中，你反而会感受到一种无法承受的孤独。那是一种找不到朋友，也丧失了自在的自我之后的孤独。

独自散步犹如为心灵解锁，个中滋味非独自散步者莫能体会。如果衣、食、住、行之生活琐事，整天缠着身子，谁不感觉心累呢？单位上的工作困难，家庭里的烦恼困惑，整天亦缠着身子，哪个不叫唤辛苦呢？

所谓辛苦，其实便是心苦。天长日久，心灵忧郁，盘绕在心头的烦恼便会"剪不断，理还乱"，形成死结。独自散步时，你置身室外旷野，可以袒露心灵使之与大自然的宁静与生机融合。

将一切都归位

生活是一种习惯，勤快是一种习惯，懒惰也是一种习惯。每个人都应该养成勤快的好习惯，并且在一种坏习惯养成之前，及时制止，使自己向好的方面发展。

很多人都有一个不好的习惯，用过的东西就随处乱扔，虽然把它们放回原位其实也就是顺手的事，但就是懒得动，久而久之也就成了习惯。等到时间长了，一天或者几天下来，屋子里就会被弄得乱糟糟的，这时候再去找某样东西，就再也找不着了。

这种习惯很不好，要早点改掉，不要光说不练，就让今天成为一个开始吧，不管你今天用过什么，统统都要立马归到原位。

看看你今天所做的事，做早餐、去上班、工作、回家、洗澡、睡觉，等等，你做这些事的时候都动过一些什么东西，你都放在什么地方了，用完之后，赶快回归原位。如果当时因为要上班没来得及，那么下班回家以后一定要记得把它放回去。

在你的空间里的每一件东西，不管是在家里的，还是工作单位上的，都应该看起来就像你还没用过它之前一样。快下班了，把办公桌上的文件整理好摞成堆，放在该放文件的地方，将废纸、废用具扔到垃圾桶里，喝过水的杯子放到该放的地方。

下班回家，吃完饭后，赶紧去收拾厨房，把每一个盘子和其他器具都洗好，放到橱柜里，把厨房清理干净，就跟做饭之前一样整洁。

睡觉之前，再检查一下，看看房子里还有什么东西没有回归原位，确保每一件东西都整整齐齐之后，再上床安心睡觉。别忘了，明天继续，好习惯在于坚持。

第八章
做自己想做的事,成为想要成为的人

偷得浮生一日闲

当你看过世界，见过众生，才发现你要见的世面，是自己内心的勇敢和自信；当你看过四季，见过风云，才发现你要见的美景，是自己内心的淡定与从容。

一整天待在家里，只有窗外天空的颜色在发生变化。

待在家里，放下平日在外奔波的劳累，让自己的身心安静地休息，你可以和家人一起享受天伦之乐，也可以一个人自由自在地随便做点什么。

待在家里，你可以趁机收拾一下房子，是不是很久都没有整理了，来一个彻底的大扫除也是不错的选择。如果你只是想好好休息，那么就在房间里放上美妙的音乐，坐在沙发上看看小说，渴了吃几口西瓜，兴致来了，哼几首小调，随意地舞动一下身姿。

当然，如果你觉得一个人闷得慌，也可以找几个同样闲得无聊的朋友，煲煲电话粥。

如果有人邀请你出去玩，不要觉得不好意思拒绝，或者你可以邀请他们来你家来玩，大家坐在一起随便聊聊天，看看电视，玩玩扑克，吃点小零食，难得大家在一起享受这种可以暂时甩开工作压力的休闲。

暂时抛开那些吧，自己的心情自己做主，自己的生活也可以自己修整，如果你愿意，你完全可以做得到。

随你的心，任你的手

所谓创意，不仅仅是创造出某种新东西或者新的思想和理念，还包括对已有的东西或思想理念做出某种新的改变，使之旧貌换新颜。

改装某样旧物或旧衣服，是件很好玩的事情。你可以充分发挥你的创意和灵感，按照你喜欢的样子或颜色尽情发挥你的聪明才智。还有，你根本不必担心会不被别人看好，因为这是你自己的东西，而且是用了很久的旧物或穿了很久的旧衣服，也许它们就像老朋友一样，陪你度过了无数的岁月，很可惜现在已经过时了，但是你仍然很喜欢，因为已经有感情了，舍不得丢弃。所以，此时你完全有理由为它改头换面，换成现在流行的样子，继续陪伴你走向未来的人生路。

改装包括样式和颜色，样式你可以参照现在流行的款式，比如，你在商场看中了某件衣服，觉得它的款式很好看，你完全可以仿照它的样式来做，只要你能做到。如果你没有把握，也可以请教以前做过裁缝的朋友，让他指点一二。

至于颜色，很好解决，你只要帮它重新染色就行。选择你喜欢的颜色的染料，将旧衣服直接浸泡在里面即可。

在这项尝试里，你会感受到冒险的快乐，因为你不知道最后会出现什么样的结果，经你改装后的旧物或旧衣服是否真的变得时尚漂亮了？你的聪明才智是否真的得到了验证？这一切在结果出来之前都是未知数。你仿佛回到了儿时，和一群伙伴在玩过家家的游戏，把自己当作家庭主妇，做一些大人想做的事，而不知道自己做出来的结果怎样，心中充满了一种新奇的感觉。

美味可以如此享受

对于生活，有些人找不到快乐的因素，认为生活就是一潭死水，其实，那是因为他没有看到生活丰富多彩的一面。给你的心灵洗个澡，你就会发现快乐就在我们周围。

把厨房搬到野外，这个想法不错吧，一定会有很多人觉得很新奇，其实这就是野餐。

野餐要有一个详细的活动计划，首先得叫上几个人同往，一个人野餐是没什么意思的。然后大家商量一下，今天野餐的主题是什么，也就是准备做点什么东西吃，是烧烤，还是炒菜？商量好了之后，就要分头准备餐具和食物，别忘了带上打火机等燃具。

到了目的地之后，布置现场，锅碗瓢盆等等都拿出来放好，然后分配一下任务，谁主厨，谁负责洗菜，谁负责生火，谁负责洗碗，等等，都要分工明确。也许每个人都有自己的拿手好菜，那么每个人都要抓住机会亮出自己的绝活。

野餐享受的是过程的快乐，由于条件有限，做出来的食物可能没有家里做出来的好吃，但是那种快乐绝对是家中的餐桌上享受不到的。各种食物都准备好后，找一块平地，铺上塑料布，把食物都摆放上去，大家围坐一圈，开始享用吧。

别忘了用相机把这种快乐的场面照下来，留作永恒的记忆，大家热火朝天忙碌的场面，主厨挥舞着铲子炒菜的画面，大伙笑哈哈享用美食的情景……这所有的画面都装满了快乐，虽然只是一次简单的活动，但绝对是人生的一次永恒的美好。

多一次尝试，就多一次体验

每个人都会有一段特别艰难的时光，挺过来的，人生就会豁然开朗；挺不过来的，时间也会教你怎么与它们握手言和。

如果你害怕自己的舞姿太难看，觉得难为情，那在黑暗中跳舞是最好不过的了，谁也看不到你的样子，连你自己都看不到。

如果觉得一个人跳舞没有气氛，就找一帮朋友过来，在一间大大的空房子里，开大音乐，关掉所有的灯，一群人尽情地舞吧。

没有灯光，在黑暗中，你可随意地跳，甚至可以边跳边唱，即使你的歌声被淹埋在音乐声中，看不见自己的样子，听不见自己的声音，但是你可以尽情地发泄，那种感觉不是特别棒吗？

在黑暗中，你可以尝试最近新学的舞步，虽然你看不到自己的姿势，但你可以暗自感觉一下，是否能够找到流畅的感觉，你可以反复地尝试，如果不行，那就抛开这一切，不讲求任何规则和章法，能让你的身子舞动起来就行，直到大汗淋漓。

青春同在，左右为伴

当我们为生活而辛苦打拼时，猛然间惊觉，那些仰望夜空数星星的日子，在柔嫩的草间寻觅萤火虫的日子，举着烤红薯嬉戏追逐的日子，听着虫鸣而安然入睡的日子——这些快乐的时刻渐渐被都市的喧嚣与霓虹所掩盖。给自己一个机会，去寻找心中那个安宁的世界。

无论家里有多大面积的豪宅，时不时到外面住住小帐篷也是一件愉快的事情。随着工业社会的发达，人们的社会分工日趋细化，导致工作单调，而都市集中化又致使生活空间狭小而嘈杂。同时，个人收入增加了，汽车的普及使人很少步行，人们生活方式改变了。在各种条件都成熟的情况下，都市里的人们向着自然环境出发了，跑去野地，搭起帐篷——这就是露营。露营的乐趣来自逃离繁华，与自然接触，"在漆黑一片的野外，抬头看看星星，听着溪水声，点起篝火，唱首老歌，说些老话，真的能暂时忘了平时的烦恼"。

野外是一个自由的世界，可以尽情享受无拘无束的放松快感。但是，离开了都市，也意味着远离了人们为自己修筑的安全堡垒。大自然在富于情趣的同时，也充满了危机，人稍不注意就会受到伤害。所以，寻找安全的营地是首要的任务。

露营场地的选择，最关键的三点是排水、风向和地势。如果在选择的地点发现有水流过的痕迹或是积水现象，就应该立即转移，因为这样的地方在下雨的时候会大量积水，甚至会受到大水的袭击。而树木的枝叶偏向一方或地形形成山脊状的地点也应该避免扎营，这些地方经常会被强风吹袭，在此落脚说不定会出现满地追着帐篷跑的滑稽场面。一般来说，要找寻比较平坦，有美丽的阳光照射着，而且十分方便取水的地方安顿下来。欣赏美景，享受自由的露营生活就可以开始了。

在露营时，还是要时时刻刻提醒自己要注意安全，在玩乐的同时，密切注意天气的变化。在山沼、山谷地带，要注意水流量和混浊情形，水流的声音也不可以忽视，如发觉异常，应该立刻离开。如果发生落石或土崩，最重要的是保持冷静，先确定落石的方向，再选定撤离的方向。打雷的时候绝对不能在大树下躲避，应该跑到距离树较远的地方蹲下。

在营地自己动手烹调美味食品，是多么惬意快乐。食物当然是要选择既营养又好吃的，特别是那些碳水化合物含量丰富的，一定要优先考虑。煮食的方法以简为佳，利用简单的烹调器具就可以应付，否则的话就要花上几个小时才能吃上饭。而事先需要一一处理过的食物最好不要列入菜单。尽量节省用水，而且要考虑饭后收拾是否容易的问题。喜欢食用野菜、野蘑菇的朋友在摘取的时候一定要认真辨认，小心食物中毒。也许可以来一只"叫花鸡"，或是一筒竹筒饭，烤红薯其实也不错啊，大量美食任由君选。

露营一定要注意保暖，即使是夏秋之交，天气还不算凉，但是毕竟是在野外，晚上还是会有些凉。最好能带上毛毯之类的御寒物品，还要注意在进食中搭配高热量的食物，比如说巧克力等糖类食物。有人误认为在野外可能会因为太兴奋而睡不着觉，其实当你玩了一天之后，疲乏的身体早就受不了了，美美地睡上一觉有助于恢复体力，在野外清新的空气里还会睡得格外香甜。

看夕阳西下，心中泛起浪花

夕阳西下，它伴着彩霞下降，彩霞淡去。它未曾带走什么，只带走了白天，只带走了一天的美丽和灿烂。而它带来的是漫长的黑夜，天终会黑。然而，白与黑交替的那一瞬间，却是一种永恒的美丽。

正如白天与黑夜的交替一样，人之一生，也是由灿烂的白天走向落寞的黑夜，然而，这是人生必经之历程，没有人生只有白天，黑夜总会在适当之时降临，你无法阻止。但是，人却不能为了自然的交替而哀伤。我们应该想到，天空之中的白云为我们做伴，小鸟为我们歌唱。一个成功的人不会在乎夕阳西下后的黑夜降临，却会欣赏夕阳西下刹那间的美丽。夕阳西下总会到来，只要你不要在这之前离去的话，那么这世上就会多出一份力，而这一份力有可能就会成为撑起整个世界的巨石。

看着落日的余晖，犹如大海退潮一般，不经意间，肃然地、慢慢地、悄无声息地退去，烟色的黄，由亮变暗、由深变浅、由浅变无。慢慢地，黑暗就会泛上来了，眼前的景色悄悄地藏在黑暗里了，一切都不见了，时间也好像停止不动了，好一个安静祥和的世界。

静静地坐在这片安静祥和里，你会感觉到一切烦恼都消失得无影无踪了，可能你会想起过去的那段岁月，有过坎坷、有过风雨、有过失去……也许你就会豁然开朗，这一切都不重要了。只有这恬淡中的安宁，这使人满足的无忧无虑的孩子气的笑。

找个机会圆梦

尝试另一份职业，不一定非要放弃现有的，如果你的精力允许，鱼与熊掌兼得也不是不可能的。

如果你的工作不是整天加班的那种，你就完全可以尝试另一份工作。作为兼职，当然得与你的正职协调好，也就是说，在不影响你目前的工作的前提下，用余力做这份兼职。

首先，在时间上，必须是在你业余的时间进行，不能把你的兼职带到工作岗位上来，尤其不能在你的工作时间内一心二用。你可以利用你每天下班后的时间，或者周末来做兼职。

其次，在精力上，也必须保证在你的能力范围之内。可能你虽然不用每天加班，但是你的工作强度很大，下班后你已经是筋疲力尽了，这种情况下，你还能有余力去做另外一份工作吗？

最后，这份工作，必须是你所感兴趣的，有些人可能是为了挣一份外快，当然，这个目的是无可厚非的，但是，最好是为了兴趣而工作。兴趣是最大的动力，只有在做自己感兴趣的事情的时候，才不会觉得累，也许还是对你一天疲劳工作的一种精神缓解。

这份兼职，也可以是为了你的理想。也许，你理想的职业并非你现在所从事的工作，那么，用一份兼职来弥补你内心的遗憾，是你最好的选择。试问有多少人又能如愿以偿地从事自己最为理想的职业呢？虽然说干一行爱一行，工作时间长了，很多人自然对自己的工作产生了热爱，但有机会圆原来的梦，又怎能放弃呢？

虽说是兼职，也要本着认真负责的态度，尽你最大的努力去完成。虽然它可能与你个人的升迁没有什么关系，但不可否认，它绝对与你的个人能力有关系，也许还会影响到你的职业生涯和人生轨迹。所以，认真对待，谨慎选择！

沉醉在秋的气息里

真正的快乐，不是依附外在的事物上的。如果你希望获得永恒的快乐，那就必须培养你的思想，以有趣的思想和点子装满你的心。因为，用一个空虚的心灵寻找快乐，所找到的常常是失望。

入秋了，走出家门，去寻找秋的气息吧。

当第一片黄叶从树梢头轻盈飘落时，你是否已经察觉，秋终于如期而至了。

丝丝柔柔的秋的气息被南归的大雁在天高云淡里承载着，被一场秋雨一场寒的细雨笼罩着，被枝头耀眼的果实映照着，悄悄地荡漾开来。

太阳的光变得如情人对视的双眸一样暧昧起来，少照了一分，凉彻骨；多晒了一分啊，又炽热难耐！而枫树的叶子终于受不住那温情脉脉的长久注视，慢慢地羞红了脸。

如果你有幸能去农村，你会发现，不知何时，更不知是哪位丹青妙手，在人们尚未觉察的时候，偷偷地在田野里的稻子上涂上了金黄的一笔。于是，稻子黄了，引来秋风艳羡的目光，假装不经意地掠过又掠过，试图带走那醉人的叠翠流金！

秋季是让人沉思的季节，仿佛有如水的音乐从人们心灵深处徐徐漫来，又像一只紫色的风铃，在秋色里发出细碎而生动无比的声音。

你闻到了秋的气息吧，柔美而湿润，绵长而忧郁，沉稳、安静、甘甜、清爽，沁人心脾。这种感觉很熟悉，很亲切，仿佛有一种淡淡的情思糅合在这气息里，一团一团地朦胧着半醒半寐的梦。人有时候需要这种境界，完全彻底地醒着，你会丧失信心，糊里糊涂地寐着，你会没了勇气。

在这秋的气息里，你可以半寐着，让梦化作一缕缕青烟，与秋的气息融为一体，虚幻而神秘，深邃而美丽，温馨而宁静。

曾有人把秋比作一位成熟典雅、风姿绰约的美人，说那美人有着无限的清高，有着深邃的冷漠，有着诱人的神秘，但也有一份纯洁，一份明亮，一份宁静，一种出尘脱俗的灵气，渗透了深奥的自然美。哪儿去找这么完美的人？这只不过是喜欢秋的人的一份美好心境罢了。所以，珍惜这难得的美好心境吧，寻找秋的气息，在秋的气息里陶醉。

靠近你，温暖我

生活中无论什么事都和别人息息相关，想要只为自己而活，孤零零地一个人活下去，是十分荒谬的想法。

日本作家夏目漱石曾说："一个生活在人世的人，不可能完全孤立地生存，有时自然会为了某些事情与人接触的，对我这个生活极其淡泊的人来说，要想摆脱那礼节性的问候、商谈，甚至更复杂一些的交涉，都是非常困难的呢！"是的，人类不能单靠一己之力量完成生活中的每一件事情。人既是孤独的，同时又是社会的人。作为孤独的人，他企图保卫自己的生存空间和那些与他最亲近的人的生存空间，企图满足个人的欲望，并且发展自己天赋的才能。同时，人也企图得到同胞的赏识和好感，和他们共享欢乐，在他们痛苦时给予安慰，并且改善他们的生活条件。

参加一个集体活动，这样你才有机会和其他人交往、交流，才能为他们付出，并享受他们为你的付出。这样的集体活动其实很多，如果你还是一名在校学生，那这样的活动便是家常便饭了。大大小小的集体活动似乎就是你生活的主旋律，无论是学术活动、文娱活动，还是其他集体组织的休闲活动，你都可以参加。如果你已参加工作，这样的活动也不少，每一个工作单位都会组织一些员工活动，这是一个工作单位组织凝聚力的体现，组织文化的表现。所以，如果今天有活动，千万不要错过，这是一个和领导、和同事交流的绝好机会。

集体活动并不一定要有比较权威的机构组织，几个人一起就是集体活动。所以，你并不一定非要去期待你的学校、工作单位，或者其他机构去组织活动。如果你赶不上这些活动，完全可以自行组织，和你的朋友一起，大家相约而行，这就是集体活动。

你还可以参加由陌生人组成的集体活动，其实这样会更有趣，更有新意，可以让你认识很多新朋友。说不定，你的生活圈子也会从此发生很大的改变，甚至，你可以结识在你生命中非常重要的人。这一切都让人满怀期待，生活就是因为有了期待而美好，而充满激情。这样的活动很多，社会上有很多社团、俱乐部，可以为大家提供一个个相识与交流的舞台。

伸开你的双臂，你可以拥抱整个世界，无论欢笑或是泪水，都有整个世界在陪着你！

独乐乐不如众乐乐

当一己的幸福变成了人生唯一的目标之后，人生就会变得堕落而失去意义。别忘了，还有一种幸福叫作分享。

有的人自己无法享受的事也无意让别人享受，这是一般人的通病。然而，人之为人，总是会积极寻找一种自我调节的方式方法。因为，自私并不能为我们带来纯净而持久的快乐和幸福。当自私让我们内心不安、困惑时，让我们把自己拥有的分一部分出来与人共享，你就会发现你的幸福快乐不但没有减半，反而成倍增加了。因为，分享的确是自私无法比拟的幸福。

如果你有什么开心的事，讲出来同你身边的人分享，也许那是段充满了趣味的经历，用诙谐的语言描述出来，就像讲一个幽默的故事一样。听到周围欢乐的笑声了吗？这就是你带给别人的快乐。

如果你有什么好玩的、好吃的，拿出来与身边的朋友分享，听着他们的赞美，你心里也乐开了花吧，这就是分享的幸福和快乐。

放松紧绷的弦，偶尔宽纵一下

精力再充沛的人，也不可能一刻不停歇地让自己的身心处于紧张状态，适当的休息是为了让我们能以更充沛的精力进行工作。

睡懒觉也是一种本事，你不得不承认，能不能睡懒觉代表了生命力的强弱，并不是每个想睡懒觉的人都睡得了懒觉，例如那些神经衰弱病患者。所以，如果你能睡懒觉就不妨偶尔睡个美美的懒觉吧。

关掉周末定点鸣叫的闹钟，睡个自然醒，醒了再接着睡也无妨，睡到自己实在不想睡了为止。睡懒觉还有很多好处呢，比如说有利于心情舒畅。大家应该知道，一天中，人的心情也有四季之分。春意盎然，欣欣向荣的春季；热情洋溢，充满激情的夏季；枫叶飘飘，诗情画意般的秋季；还有孤独寂寞、枯燥冰冷的冬季。而喜欢睡懒觉的人，因为睡的时间比一般人要多，所以他能以最饱满的精神来迎接一天中的春，又能以火热的激情来体验一天中的夏，然后用一点点时间去品味一下秋，最后在睡梦中度过一天中的冬季。所以说喜欢睡懒觉的人懂得分配时间，时刻把自己心情调整在最佳的状态。可以这样认为，喜欢睡懒觉的人，更会享受生活，更热爱生命，他们是一群健康的人。

睡懒觉还有利于梦想的实现。人生苦短，一个人在一生中的大部分时间都要为最基本的生计饱暖而奔波，好不容易剩下点时间，却已经筋疲力尽，没有心情再去憧憬未来的美好生活了。而爱睡懒觉的人，做梦的机会比平常人要多，所以做到好梦的机会也比平常人要多。在梦中，他可能实现了自己的理想，生活在理想实现后的美好未来，这从很大程度上给人带来了向理想前进的动力。因为人看到了希望，看到了美好的未来，所以人们才会努力。

不要说睡懒觉的人在给自己找借口，不管怎样，偶尔睡个懒觉，给自己的身心放一个假，放松每天绷得很紧的弦，实在不失为人生的一大享受。

知道自己要去哪儿，全世界都会为你让路

　　许多人之所以在生活中一事无成，最根本的原因在于他们不知道自己到底要做什么。在生活和工作中，明确自己的目标和方向是非常必要的。只有知道你的目标是什么、你到底想要做什么之后，你才能够达到自己的目的，你的梦想才会变成现实。

　　这需要你先静下心来，浮躁不安的心是没法回答自己的问题的。首先你得问自己，你喜欢你现在的生活吗？包括你的工作，你每天做的事，你努力奋斗的某个人生目标，以及你身边的朋友。

　　如果你觉得很喜欢，那你真的很幸运。如果你对自己的生活有些抱怨，有些迷茫，那么你就问问自己的内心，自己到底想要做什么？从你曾经的梦想开始忆起，也许你很早以前曾有一个梦想，但是随着时间的流逝，你已经将它搁置了。为什么？你还能找得到原因吗？是因为兴趣发生了改变，还是现实让你不得不掉头？那么你现在的兴趣又是什么？你目前的生活正在你兴趣的轨道上运行吗？或者现实是如何让你放弃梦想的？你真的确定你没法克服现实中的困难吗？

　　看清楚了你自己的内心，了解了自己的兴趣所在，那么，分析一下你感兴趣的事情实现的可能性吧！不是你想要做什么，就

一定能做到的。也许你只是羡慕那件事光鲜的一面，比如，电影明星、舞蹈演员等，你看到的是他们风光美丽的一面，却没有了解他们背后的故事。所以，全面了解你想做的事，包括它的好处和坏处，看看你是否真的是那么想做，最重要的，是看你是否真的能做到，你确定你能一直坚持下去，永远不放弃吗？如果可以，那么，不要犹豫，赶快行动吧！

享受一个人的自由

有时候，孤独不是一种落寞和无奈，而是一份自由与闲适，只要你懂得享受。

不要任何人陪伴，只有你一个人，想做什么就做什么。你可以把自己一个人关在屋子里，也可以一个人去任何地方做任何事，这是你的自由，孤独的自由。

很多时候，因为有其他人在身边，要顾及他人的感受，很多事我们都不是按照自己的意愿来做的。比如，和朋友一起吃饭，你喜欢吃辣，而朋友不能吃，所以你得考虑到朋友的口味；一家人看电视，你喜欢看体育节目，而其他人都想看连续剧，所以你只得少数服从多数；大伙一起去公园玩，你想玩小孩喜欢的"碰碰车"，大伙却笑话你幼稚，所以你只得作罢……今天你没有任何束缚了，你可以做你喜欢做的任何事，这就是孤独的自由。

孤独，是自由，还是落寞，在于你自己如何去平衡。一个人的空间里，应该给自己找点事情做，如果只是无聊地闷坐着，当然会觉得空虚寂寞。当然，你也可以什么都不做，把自己关在家里，闷着头睡大觉也是不错的选择。

一个人，其实就是自己与自己相处。这也是一门学问，并不是每个人都懂得与自己和谐相处。懂得与自己相处的人，在一个人的空间里，能够抛却往日的浮华，只剩下闲适与放松。你可以静静地听着你喜欢的音乐，或投入或随意地看你喜欢的书。你也可以为自己做一些好吃的，开一瓶红酒，自斟自饮，好不开怀。

你还可以背着行囊去任何一个地方徒步旅行，带着相机，拍下你所到之处的风景，幻想你正在环球旅行，哪怕你只是在做环城旅行。其实这样也不错，你所在的这个城市，肯定还有许多你没有涉足的地方。去走走，去看看，特别是那些久闻而未亲见的地方，今天就把所有的遗憾都弥补。一个人的空间里，就是这样自由随意，原来孤独还可以这样享受。

为你的生活收集更多的乐趣

快乐就在你的身边，需要你有双聪慧的眼睛去找寻，为你的生活收集更多的乐趣。没事偷着乐也是一种难得的幸福。

这可能需要你平时的细心和累积，比如，当你在无意中看到一些有意思的小故事或者有哲理的语录之类的，留一个心，勤快一点，把它们用某种方式收集起来。

但是，今天，你能不能主动做一下这件事？这也不难，有很多途径可以让你收集到这些小东西。网络就是最好的资源，或者去图书馆，去书店，总之方法很多。

也许你有兴趣把这些小故事重新编辑，并汇编成册。相信你所有的朋友都会支持你的，这是一件非常有意义的工作。你收集的肯定是你认为的精华，那么，在你精心的安排下，这便是一本精编本了，不知不觉中，你也成了一名编撰家了。

将零星的岁月串在一起

如果日记是一种文字的记忆，用语言描绘曾经的你，那么，照片便是一种影像的记忆，用最直观的视觉冲击刻画你成长的痕迹。

昨天刚看完旧日记，那今天就来看看旧照片吧。告诉自己，这两天属于回忆。

同样地，按照时间的先后顺序，从年龄的由小变大，一张一张地重新欣赏。翻看这些旧照片，会让你有种光阴似箭的感觉，看着相册里不同时代的自己，心态也会迥然不同。

首先看看孩提时候的影像，对于大多数人来说，那些照片，基本上都是黑白的。看着自己童年时候的可爱模样，是不是忆起了儿时的快乐？那就尽情地回味一番吧。然后，再看看自己少年时代、青年时代、中年时代的照片。这些旧照片里也许还有你和其他人的合影，是不是每个阶段合影的人都不尽相同？这些照片把你从少年成长为青年，从青年步入中年，也许还有中年步入老年的过程，记录得一清二楚。看照片里表情的转变，看容貌的改变，世事沧桑与人情冷暖尽在其间。"年年岁岁花相似，岁岁年年人不同"，也许是那些合影照片最贴切的旁白。

一张张旧照片，或黑白或彩色，或开心或愁苦，把不同的时光和人物定格在了瞬间。想想多年来的经历是千千万，明白忘记的事情是万万千，幸亏有这些旧照片，不管你想忘也好，不想忘也罢，都忠实地记录下了那些零星的岁月。

为心灵找一个更好的出口

人人都会遭遇尴尬，面红耳赤是我们常有的难堪，别忘了，幽默能帮我们把眼前的障碍化解为无形，自我解嘲是一门艺术。

幽默一直被人们称为是只有聪明人才能驾驭的语言艺术，而自嘲又被称为幽默的最高境界。由此可见，能自嘲的必须是智者中的智者，高手中的高手。自嘲是缺乏自信者不敢使用的技术，因为它要你自己骂自己。也就是要拿自身的失误、不足甚至生理缺陷来"开涮"，对丑处、羞处不予遮掩、躲避，反而把它放大、夸张、剖析，然后巧妙地引申发挥，自圆其说，取得一笑。没有豁达、乐观、超脱、调侃的心态和胸怀，是无法做到的。自嘲谁也不伤害，最为安全。你可用它来活跃谈话气氛，消除紧张；在尴尬中为自己找台阶，圆满收场；在公共场合获得别人的好感；在特别情形下借机会灵活应对无理取闹之人。

适时适度地自嘲，不失为一种良好修养，一种充满活力的交际技巧。自嘲，能制造宽松和谐的交谈气氛，能使自己活得轻松洒脱，使人感到你的可爱和人情味，有时还能更有效地维护自尊，建立起新的心理平衡。

心中有绿洲，你才不会彷徨

人生渺渺，世事茫茫，何去何从，很难确定，原因是个人的力量有限，对人生的认识亦不够，对人生世界所发生的许多复杂问题实在不知如何解决。所以我们应有一个坚信的对象，那样面对现实我们会更理智、更有信心，不至于彷徨迷茫，不知如何是好。

人生需要目标，需要理想，只要认定了那是值得你追求的，何必在意值还是不值。勿以成败论英雄,人生本是过程,结局从来就不是生命的尺度,因为没人知道那"后来的后来"究竟是什么,唯一可以确定的是"人生固有一死",浮萍之身全任流水,前方何处谁能左右,真正拥有的只是"当下"。"当下"有一个愿意为之献身的信仰,哪怕在下一刻就死去,此生足矣。

给自己一个目标,不必是众人都奉为圣明的某种崇高的理念或信条,只是为自己的生活找一个理由,为自己的精神找一个寄托。如果没有,那么不论在外人的眼中你是多么"成功",在我们自己的心中,永远都觉得自己就是那个可怜的失败者。给自己一个目标吧,为自己那乏味的生活找一个高尚的理由,然后好好地活着,做自己该做的事,因为这是活着的责任。

给自己一个目标,把它作为你的一种价值依托,使你能够在极度艰难的环境下依然坚忍不拔地走下去,点燃心中的希望之灯。当然,这个希望也是你自己定的,如同黑暗中的一盏明灯,为你指引前方的路。